위기의 지구를 위한 특별한 과학 수업

지구가 권리를 가지는 날에는

위기의 지구를 위한 특별한 과학 수업

우리학교

차례

출발 물어봤어, 지구에게? •6

1. 인간에게만 권리가 있을까? •21

2. 나무가 소송을 할 수 있을까? •35

3. 강이 권리를 가지면 무엇이 달라질까? •53

4. 꿀벌에게 시민권을 주면 어떻게 될까? •77

5. 안마도의 사슴은 자유로울까? •93

6. 설악산 산양은 왜 마을로 내려왔을까? •115

7. 세균, 곰팡이, 파도, 달…… 자연의 권리는 어디까지 확장될까? •137

8. 자연에게는 있다, 권리가. •161

출발

물어봤어, 지구에게?

지금 막 책을 읽기 시작했나요? 다음 장으로 넘어가기 전에 이 책을 먼저 읽은 친구의 이야기를 들어 보는 건 어때요?

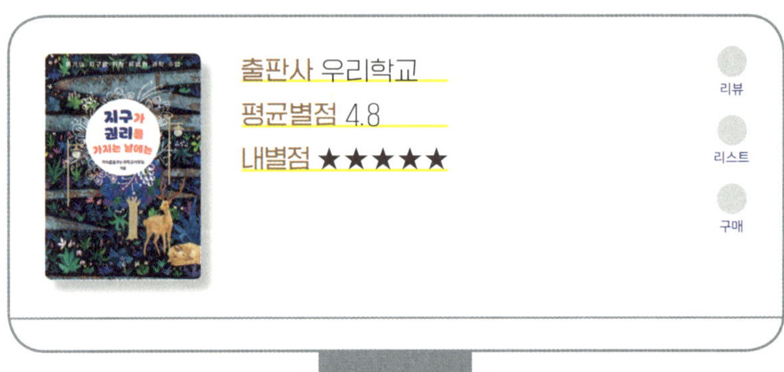

이 책을 읽다가 이상한 걸 발견했어

뭐냐고? 책에 이런 내용이 나와.

도롱뇽이 산에 터널 뚫지 말라고 공사 중지 가처분 신청을 냈대. 당연히 도롱뇽이 직접 소송한 건 아니고 스님이랑 환경 단체가 대리인으로 나섰어. 근데 재판이 안 열렸어. 도롱뇽은 사람이 아니라 권리를 주장할 수 없다고. 근데 내가 예전에 읽은 기사가 딱 생각나는 거야. 어떤 회사가 환경 운동가를 '허위사실유포에 의한 업무 방해죄'로 고발했던 사건이야. 회사에 관한 잘못된 정보를 마치 사실인 것처럼 퍼뜨렸다나 봐.

이상하지 않아? 왜 회사는 고소할 수 있고 도롱뇽은 안 됨? 도롱뇽이 불쌍해서 그러는 거 아니야.

회사도 사람 아니잖아. 근데 왜 권리가 있고, 고소도 가능한 건데? 회사도 인간이더라고. 법이 권리를 인정해 준 법인! 법으로 인정하면 인간처럼 권리를 가질 수 있다니, 놀랍지 않아?

근데 왜 도롱뇽은 법이 인정 안 해 주지? 이상하지 않아?

그리고 이상한 거 하나 더.

봉이 김선달 알지? 조선 시대에 대동강물을 판 전설의 사기꾼. 봉이라는 이름도 닭을 봉황이라고 사기 쳤다가 얻은 이름이래.

하여튼 서울 장사치들이 쌀값 가지고 장난을 쳐서 돈을 버니까 그걸 혼내 주려고 물지게꾼들하고 계략을 짰대. 대동강물을 길어갈 때마다 물지게꾼들이 김선달한테 한 닢씩 돈 주는 척하라고.

그걸 본 서울 장사치들이 욕심이 나서 김선달한테 물어봤대.

"강물을 팔아도 되는 거요?"

"내가 대동강의 주인이라 팔 수 있소."

"언제부터 강의 주인이었소?"

"조상 대대로 주인이었소."

"그럼, 대동강을 우리에게 파시오. 돈은 부르는 대로 주겠소."

그래서 김선달은 엄청 큰돈을 받고 대동강을 팔았어.

다음 날 장사치들이 오늘부터 우리가 이 강 주인이니 돈 내라고 하니까 물지게꾼들이 "무슨 소리야, 흐르는 강물에 주인이 어딨어?" 했지. 장사치들이 속은 거지. 근데 이상한 건 바로 이거야. 잘 들어 봐.

강은 주인이 없는데 왜 땅은 있어? 강은 못 팔고 땅은 왜 팔 수 있어? 집 팔 때 건물값은 이해되는데 왜 땅값도 포함인 건데?

그 땅, 언제부터 누구 소유였어? 전 주인이 샀다 해도, 그 전전 주인, 전전전 주인은 도대체 누구한테 산 거냐고. 전전전전 주인? 말장난 아니고 진짜 궁금해서 그래. 근데 책에서 그러더라고. 궁금하면 땅한테 물어보라고. 오…… 맞는 거 같지 않아? 근데 맨 처음 땅을 소유한 사람도 땅한테 물어봤을까? "너를 내가 가져도 되니?" 하고? 진심으로 궁금해.

왜 자꾸 이상한 소리를 하냐고? 근데 너희들도 이 책을 읽어 봐. 이 책 읽다 보면 자꾸 이상해져. 자꾸 땅한테 강한테 지나가는 고양이한테 막 물어보고 싶어진다니까? 근데 그게 이상하게 중독성 있음. 추천! (단, 읽고 나면 님들도 이상해질 수 있음 주의)

🍁 뭔가 이상한데… 점점 더 이상해진다고?

저도 이상한 이야기를 이어 갈게요. 미국에서 석탄을 캐내기 위해 애팔래치아산맥의 산봉우리 500개를 싹 다 밀어 버린 적이 있어요. 산을 꼭대기부터 차곡차곡 깎아내린 거예요. 필요하면 폭탄도 사용하면서요. '마운틴 톱 제거Mountaintop removal', 그러니까 '산봉우리 없애기'가 이 작업의 이름이었어요. 만약 산이 '앉아 있는 거대한 인간'이라면, 아무리 석탄이 많이 나오더라도 그의 머리를 뚜껑 따듯 날려 버리고 화석 연료를 캐낼 수 있었을까요?

유네스코 생물권 보존 지역으로 지정될 정도로 다양한 생물종이 서식하고 선주민 공동체가 오랫동안 살고 있는 에콰도르의 야수니 국립공원에서는, 석유를 얻기 위해 곳곳에 깊고 큰 구멍을 뚫는 시추가 진행되고 있어요. 만약 열대 우림의 나무들이 '서 있는 여러 명의 인간'이라면, 아무리 석유가 많이 나오더라도 그들을 단칼에 베어 버리고 숲에 구멍을 뚫고 화석 연료를 뽑아낼 수 있었을까요?

지구는 질량을 가진 물체를 중력으로 붙잡고 있는, 지구 외부 세계에 대해 닫혀 있는 '하나'의 시스템입니다. 그래서 지구에 있는 탄소의 총량은 아주 오래전이나 지금이나 큰 변화가 없어요. 탄소는 지구 여러 곳에서 여러 모습으로 순환하고 있었어요. 그러나 약 200여 년 전 산업 혁명이 일어나면서 인간은 땅속에 석탄, 석유, 천연가스의 형태로 저장돼 있던 탄소를 에너지원으로 사용했어요. 그 탄소가 대기에 쏟아져 나오며 지구 온도를 올리기 시작했고, 이것이 기후 변화의 원인이라는 걸 이제는 모두가 알아요.

화석 연료는 해마다 때가 되면 나무에 달리는 열매를 따 모으듯 쉽

빌 헤이나 감독의 환경 다큐멘터리 〈마지막 산〉. 석탄 채굴로 파괴되는 애팔래치아 산을 지키려는 사람들의 이야기.

게 얻을 수 있는 게 아니에요. 땅을 파헤치고, 바다 밑에 구멍을 뚫고, 지층 속에 강한 압력으로 화학 물질을 주입해야 얻을 수 있어요. 만약 산과 나무가 인간처럼 '권리'를 가지고 있다고 생각해 보세요. '산이 산으로서 존재할 권리', '나무가 그 자리에서 자라고 가지를 뻗을 권리' 말이에요. 그들에게 이런 권리가 있었다면, 우리는 그들을 파헤치고 망가뜨리기 전에 그들에게 물어보지 않았을까요? 먼저 물어보고 그들의 대답을 들었다면, 오늘날 지구에 이렇게까지 문제가 생겼을까요?

지구는 한계에 다다르고 있어요. 수많은 생물의 멸종, 물 부족, 플라스틱의 범람, 방사성 물질 누출, 과도한 질소와 인으로 인한 생태계 파괴, 숲의 파괴, 해양 산성화……. 지구는 위기에 빠졌어요. 게다가 폭염, 산불, 가뭄, 폭풍, 호우와 같은 기후 변화 현상들까지. 하지만 우리는 여전히 여름날이면 에어컨 바람을 쐬며 담요를 덮고, 겨울날이면 화석 연료를 때며 반팔을 입고, 일 년 내내 바나나와 열대 과일을 싼 가격에 먹지요. 석유를 가공해 만든 옷을 마음껏 사고 입고 버리고, 유행하는 배달 음식을 자주 시켜 먹고, 어떻게든 더 크고 넓은 새집으로 이사를 하고요.

그런데 우리가 놓치고 있는 게 있어요. 인류가 배출하는 이산화탄소가 전부 대기에만 쌓이는 건 아니라는 사실이죠. 그중 절반은 해양이, 나머지 절반은 숲과 숲의 토양이 흡수했어요. 그러니까 인류는 해양과 숲, 그리고 토양의 도움으로 이제야 이 정도의 위기를 맞게 된 셈이에요. 이들이 탄소를 감당해 주지 않았다면 우리는 지금보다 훨씬 더 빨리 더 엄청난 재앙을 마주했겠지요.

아무튼 그러는 동안 인간은 단 한 번도 지구에 물어보지 않았어요. 땅을 파고, 나무를 베고, 화석 연료를 꺼내도 되는지 지구에게 허락을 구하기는커녕 자연을 끊임없이 개발하고 파괴해 왔지요. 지구로부터 인간이 도움을 받는 건 당연하다고 여기면서요. 이런 일방적인 관계를, 우리는 과연 뭐라고 부를 수 있을까요?

🍁 이 묘한 관계, 우리는 도대체 무슨 사이일까?

묵묵히 탄소를 흡수해 주고 있는 자연의 탄소 흡수원들이 건강하게 유지되어야 우리는 기후 변화로 인한 피해를 조금이나마 줄일 수 있어요. 그런데 2023년에 발표된 '기후변화에 관한 정부간협의체IPCC' 제6차 평가 보고서에서는 이 탄소 흡수원들의 흡수 능력이 점점 줄어들고 있다고 경고했어요. 물론 인간이 나무를 전혀 베지 않고, 동물이나 식물의 목숨을 하나도 거두지 않고, 땅도 파헤치지 않으며 살아갈 수는 없어요. 에콰도르 야수니 국립 공원의 석유 채굴에 관한 국민 투표에서, 채굴 중단에 찬성한 사람은 59퍼센트였지만 채굴을 지지한 사람도 41퍼센트에 달했어요. 41퍼센트의 사람들이 모두 잘못되었다고 말할 수는 없겠지요.

"인간이 먼저냐, 지구가 먼저냐?", "개발이 먼저냐, 보호가 먼저냐?"

UN의 기후 변화 교육 도구인 Climate101 프로젝트.

UN의 기후 변화 교육 도구인 Climate101 프로젝트.

와 같이 편을 가르는 듯한 논쟁은 지금 지구와 인간이 처한 복잡한 문제를 해결하는 데 큰 도움이 되지 않는 듯해요. 지구라는 닫힌 공간 안에서 함께 살아가는 존재들이기에, 자연과 인간 사이에 갈등이 생기는 건 어쩌면 자연스럽고 당연한 일이니까요. 그렇다면 우리는 이 갈등을 어떻게 잘 풀어 나가야 할까요? 지구와 인간이 서로 어떤 관계를 맺어야 인류가 앞으로도 오래도록 괜찮은 삶을 살아갈 수 있을까요?

여기 아메리카 대륙의 선주민 이야기를 하나 들려줄게요. 그들에겐 숲에서 무언가를 채취해 가져올 때 지키는 '행동 수칙'이 있었어요. 예를 들어 약초를 캐러 간다면, 맨 처음 눈에 띈 약초에는 손을 대지 않았다고 해요. 왜냐하면 처음 만난 그 약초가 마지막 남은 약초일 수 있으니까요. 그 뒤 다시 같은 약초를 발견하면 그때야 비로소 그것을 캤어요. 그리고 캐기 전에는 반드시 약초에게 물어봤어요. 앞에서 리뷰를 쓴 친구가 땅에게 물어봐야 할 것 같다고 했듯, 선주민들도 그랬나 봐요.

선주민들은 무엇을 물어보고 어떤 대답을 들었을까요? 말을 걸어도 약초가 사람의 말로 대답하진 않았을 테니, 식물을 세심히 살폈겠지요. 주변에 다른 약초들이 많이 있는지, 그 약초들이 씨를 뿌리거나 열매를 맺을 만큼 건강히 자라 있어서 이걸 캐내도 사라지지 않고 계속 번성할 수 있는지…….

괜찮겠다 싶으면 허락을 받은 것으로 여겨, 선주민들은 자기가 가지고 있는 물건, 보통은 잎담배 한 줌을 고마움을 표현하는 선물로 내놓았다고 해요. 늘 필요한 만큼만 캐고, 절대 전체의 절반 이상을 캐지 않고, 종종 너무 빽빽하게 자라는 약초 더미는 일부를 걷어 내 주기도 했어요. 그러면 어린싹은 더 잘 자라기도 하거든요. 약초를 가져가면서 동시에 생장을 도운 거예요.

인간은 자연을 이용할 수밖에 없어 둘은 서로 갈등 관계지만, 선주민들은 땅과 식물과 지구를 존중해 먼저 물어보고, 허락을 구하고, 감사를 전하며 도움을 준 그들의 번성을 약속했지요.

🍁 이제부터 지구의 목소리를 들어야 해

지구는 끊임없이 변화해 왔어요. 급격한 대멸종이 일어나기도 했고, 대륙이 이동하여 백만 년도 넘게 화산이 분출하고 용암이 대지를 뒤덮기도 했어요. 몇 번의 치명적인 빙하기와 온난기가 반복되기도 했고요. 하지만 대멸종 뒤에는 늘 새로운 생명이 등장했고, 대륙의 이동으로 사라진 지각 대신 새로운 바다와 육지가 생겨났어요. 지금도 지구는 여전히 변하고 있답니다.

지구의 기후를 변화시키는 탄소의 순환도 우리가 상상할 수 없는 긴 시간을 통해 균형을 이루어 왔어요. 히말라야산맥이 솟아오르며 드러난 암석은 활발한 풍화 작용으로 수십만 년에서 수백만 년의 시간 동안 대기 중 이산화탄소를 조절했어요. 수천 년에서 수만 년의 시간 동안 탄산염 퇴적물이 쌓이고 또 녹기도 하며 해양의 이산화탄소 농도를 조절했고 수년에서 수백 년의, 지구 입장에서 눈 깜짝하는 짧은 시간에는 육지와 바다의 탄소 흡수원이 대기 중 이산화탄소의 변화에 반응하며 순환의 균형을 스스로 조절해 왔어요.

하지만 최근의 기후 변화는 지구가 따라갈 수 있는 속도가 아니에요. 지구의 속도가 아닌 인류 욕심의 속도를 따라 너무 급격하게 변하고 있어, 지구 위의 모든 것들이 함께 위태로워지고 있지요.

문제를 일으킨 것이 우리인 만큼, 그 해결의 열쇠도 우리에게 있어요, 무엇보다 중요한 건 우리의 '태도'예요. 문제가 일어난 원인부터 제대로 잡는 것, 그게 시작이겠지요? 그 출발은 다름 아닌 '물어보는 것'이어야 해요. 이제는 지구와 인간의 관계가 변해야 하는 거예요.

우리는 이 변화의 과정에서 어떤 입장을 취할지, 어떤 위치에 설지, 또 인간이 아닌 다른 존재들과 어떤 관계를 맺을지 새롭게 고민해야 해요. 너무 늦기 전에요.

역사의 어느 순간부터 인간과 자연은 분리되었고, 그 후 인간은 자연을 마음대로 이용해도 되는 대상으로만 여겨 왔어요. 그 생각을 되바꾸려면 오랜 시간이 걸릴 거예요. 몇 세기가 걸릴지 모른다고 말하는 학자들도 있어요. 그러니까 우리가 달라져야 한다면, 좀 서둘러야겠지요? 몇백 년에서 하루라도 당기려면 말이에요.

아, 깜빡한 이야기가 있네요. 얼마 전 북극에 다녀온 친구를 만났어요. 기후 변화로 사라져 버리기 전에 북극 빙하를 꼭 눈에 담고 싶다

빙하가 녹아내려 바다로 떨어지고 있다.

면서 꼬박 1년을 준비해 갔다 왔어요. 돌아온 그 친구가 이런 말을 하더라고요.

"이상하지, 빙하가 말이야, 빙하가 살아 있는 거야. 농담이 아니야. 살아 있는 것처럼 느껴진다는 게 아니라 진짜 살아 있었어. 프싯, 포샥, 파싯. 엄청나게 다양한 소리를 내면서 시시각각 움직이고 변화하고 있었어. 진짜 살아 있더라고."

이상하지요? 이 책을 덮을 즈음, 여러분 머릿속에 이상하고 궁금한 마음이, 낯설고 새로운 생각과 질문이 더 많아지길 바랍니다. 정답이 어디 있겠어요. 우리가 잘 듣고, 곰곰이 생각하고, 함께 얻어 낸 답이 가장 괜찮은 답이 되지 않을까요?

1.

인간에게만 권리가 있을까?

🍁 인간이라면 누구나 권리를 갖는 게 당연할까?

유튜버 안녕하세요, 여러분! 오늘은 제가 타임머신을 타고 고대 로마에 왔습니다. 여기에 사람들이 진짜 많이 모였거든요. 무슨 일인지 시민 한 명을 만나 보겠습니다.

시민 오늘이요? 집정관을 뽑는 날이라 투표하러 왔어요.

유튜버 오, 투표일이구나. 그런데 집정관은 뭐 하는 사람이죠?

시민 집정관은 로마 최고의 통치자예요.

유튜버 현대의 대통령이네요. 고대 로마에서도 모든 사람이 투표해서 최고 통치자를 뽑다니, 너무나 민주적인 선진 문명 아닙니까?

시민 어…… 잠깐만요. 모든 사람은 아니고요, 시민만 투표해요.

유튜버 네? 모든 사람이 시민이 아니면 누가 시민이죠?

시민 당연히 저처럼 로마 제국 소속의 성인 남성만 시민이죠.

유튜버 그럼 여기에 시민이 아닌 사람들도 있는 거예요?

어느 날 갑자기 법이 바뀌어 "장애인의 투표권을 박탈하겠다."라고 한다면, 누구라도 분노할 거예요. 어떻게 이렇게 대놓고 사람을 무시하고 차별하냐고 하면서요. 우리는 인간이 존엄한 존재라는 걸 당연하게 생각합니다. 존엄이란 소중하게 여겨 존중하는 거예요. 어떤 인간도 다른 인간보다 덜 소중하거나 더 귀하지 않기 때문에 나이, 성별, 돈, 능력, 장애 여부와 상관없이 오직 인간이라는 이유 하나만으로 존중받을 자격이 있어요. 인간이라면 누구나 인정받아야 할 마땅한 권리인 '인권'이 있다고 믿는 것이지요.

그런데 오늘날 천부인권이라 불리며 국가의 다른 어떤 규범보다 우선하는 인권이, 기원전 로마에서는 모든 사람에게 주어지지 않았어요. 맞아요. 만약 인권이 본래부터 절대적인 권리이고 모든 시대 모든 곳에서 누구에게나 똑같이 보상되었다면, 노예 해방이나 장애인 차별 같은 말도 아예 없었겠지요. '인간의 권리'가 모든 인간에게 보장된 건, 아주 최근의 일인 거예요.

인권의 역사는 의외로 과학과 깊은 관계가 있습니다. 과학 기술의 발전은 신항로 개척, 신대륙 발견, 상공업 발달을 뒷받침했고 이를 통해 시민 계급이 성장했어요. 코페르니쿠스의 지동설, 갈릴레이의 관찰과 실험, 뉴턴의 만유인력 발견은 사람들이 논리적이고 과학적인 방법으로 세상을 보게 만들었고, 신의 뜻보다 인간의 이성을 중요하게 생각한 계몽주의 사상에 큰 영향을 주었어요. 그 결과 왕, 귀족, 평민, 노예로 인간을 구분하던 신분제 질서가 흔들리기 시작했고, 이는 자유, 평등, 박애를 요구하는 시민 혁명으로 이어졌습니다.

🍁 어떤 존재가 권리를 인정받기까지

과거에는 흑인을 노예로 사고파는 게 당연했어요. 흑인을 물건 쌓듯 끔찍하게 노예선에 실어 유럽과 미국에 파는 노예 무역이 버젓이 존재했지요. 하지만 인간을 물건처럼 사고팔 수 있다는 생각은 시민 혁명 이후 인권의 개념이 널리 받아들여지면서 점차 바뀌었어요. 1761년 포르투갈의 노예 무역 금지를 시작으로 1865년 미국의 노예 해방에 이르기까지, 노예 제도는 차례차례 폐지되었어요.

그렇다면 인간을 물건처럼 취급했던 노예 제도는 언제까지 존재했을까요? 놀랍게도 모리타니를 마지막으로 2007년에야 겨우 공식적으로 사라졌습니다. "모든 사람은 태어날 때부터 자유롭고 존엄하며 평등하다. 우리 모두는 이성과 양심을 가지고 서로를 형제자매의 정신으로 대해야 한다."는 국제연합^{UN}의 세계인권선언 제1조도 1948년에야

세계인권선언 75주년을 기념하는 2023년 UN의 캠페인.

탄생했지요.

　그러나 세계인권선언이 채택되고 노예 제도가 완전히 폐지된 후, 전세계 모든 사람이 차별 없이 평등하게 존중받았을까요? 그렇지 않아요. 국민이 직접 또는 간접적으로 정치에 참여할 수 있는 권리인 참정권은 아주 오랫동안 남성에게만 주어졌어요.

　1893년 뉴질랜드에서 처음으로 모든 여성이 투표권을 갖게 되었지만, 후보자가 될 수 있는 피선거권은 주어지지 않았어요. 여성 인권 운동가들의 오랜 노력 끝에 2015년에야 비로소 바티칸시국을 제외한 세계 모든 나라의 여성이 남성과 동등한 참정권을 가지게 되었답니다. 1915년이 아니라 2015년에 말이에요.

유튜버 여러분, 안녕하세요. 오늘은 제가 2015년 사우디아라비아 지방 선거 현장으로 왔습니다! 여긴 정말 변화의 바람이 불고 있어요. 무려! 선거에서 여성 당선자 탄생!

여성 당선자 이 나라는 여성이 남성에게 말을 거는 것조차 힘듭니다. 이제는 여성들이 직접 저에게 요구 사항을 전달할 수 있겠다는 기대가 생겼어요. 직접 유권자들을 만나지는 못했지만요.

유튜버 네? 유권자들을 못 만났다고요?

여성 당선자 사우디아라비아 여성은 가족이 아닌 남성과 대화도 금지되어 있고, 남성 보호자가 없이는 외출도 못 해요. 그래서 대면 유세가 없어요. 선거 벽보나 유인물에 여성 사진을 쓸 수도 없어요.

유튜버 아니, 그렇게 제한이 많은데 어떻게 선거 운동을 한 거죠?

여성 당선자 남성 대변인을 두고 SNS로 공약을 알렸어요.

유튜버 와, 존경스럽네요. 근데 이 정도면 여성이 투표하러 가는 것도 쉽지 않겠어요.

여성 당선자 여성은 혼자 운전도 외출도 못 하니까 보호자가 없이 투표소에도 못 가요. 그래서 여성이 유권자로 등록한 비율이 2퍼센트밖에 안 됐어요. 하지만 투표율은 남성보다 약 두 배 높았죠. 지방 의원 2106명 중에 여성 당선자도 무려 20명이나 나왔답니다.

사우디아라비아는 2015년 여성의 투표권을 인정했고, 2018년에는 여성이 혼자 운전할 수 있게 했고, 2019년에는 21세 이상의 여성에게 남성 보호자 없는 외출, 여행, 여권 신청을 허용했어요. 역사 속에서 여성의 기본적인 권리가 확장되어 온 것처럼, 사우디아라비아 여성도 언젠가는 남성과 동등한 권리를 가지게 될 거예요.

여성 인권의 확장 뒤에도 과학 기술의 숨은 도움이 있습니다. '여성의 몸에는 남성과 다른 피가 흐른다.', '여성은 뇌가 작아 논리적 사고를 할 수 없다.'라는 말을 철석같이 믿던 사람들에게 의학, 해부학, 생리학의 연구 결과는 여성과 남성이 기능적으로 완전히 같은 몸을 가지고 있다는 걸 직접 보여 주었으니까요.

모든 인간이 존엄하다는 선언은 인쇄술의 발달에 힘입어 집 밖으로 나오지 못한 여성들에게 전달되었고, 미국과 영국의 참정권 여성 운동가들인 서프러제트는 철도를 이용해 전국을 돌며 활동했어요. 인터넷과 스마트폰의 역할은 말할 필요도 없겠지요?

🍁 버려도 되는 존재였던 어린이의 권리

헨젤과 그레텔 이야기, 알고 있지요? 가난한 집에서 태어난 헨젤과 그레텔을 친아빠와 새엄마가 숲속에 버리자, 숲을 헤매던 남매는 과자로 만든 집을 발견하고 뜯어 먹지요. 마녀에게 붙잡혔지만 기지를 발휘해 물리친 다음 보물을 가져와 오래오래 행복하게 살았고요.

헨젤과 그레텔은 우리가 알고 있는 것처럼 해피엔딩으로 끝나는 동화인데, 들여다보면 이상한 구석이 있습니다. 부모가 아이들을 버리다니? 요즘 시대에 만약 부모가 자기 자녀를 숲속에 버리고 오면 아동 유기로 인한 학대로 엄중한 처벌을 받을 거예요. 그러나 이 동화가 만들어졌을 당시에는 집이 가난하면 어린이는 언제든 버려도 되는 존재였습니다. 부모가 자녀를 유기하는 이야기가 아무렇지 않게 민담과 동화로 만들어질 정도로요.

서양에만 이런 이야기가 있는 건 아닙니다. 우리나라 전래 동화에서도 현대에서 보면 아동 학대로 여겨지는 내용이 많아요. 인신매매 상황을 겪는 심청이, 노동을 착취당하는 콩쥐를 떠올려 보세요. 이런 이야기가 많은 이유는 인류가 오랫동안 자녀를 부모의 소유물처럼 여겨

19세기 말 독일에서 출판된 『그림 형제 동화집』에 수록된 헨젤과 그레텔 삽화.

왔기 때문이에요. 하지만 이런 사고방식은 어린이 또한 어른과 마찬가지로 존엄한 존재이기에 하나의 독립된 인격체로 존중해야 한다는 생각으로 점차 바뀌어 왔습니다.

어떤 사람들은 어린이는 미성숙하니까 보호하고 훈육해야지, 권리를 주면 안 된다고 주장해요. 그러나 인간의 존엄성은 나이나 능력에서 나오는 게 아니라 존재 자체에서 비롯되는 거예요. 태어난 지 하루 된 아기나 중증 장애인 모두 인간이라는 이유 자체로 존엄하지요.

이처럼 인간의 권리가 점차 확장될 수 있었던 이유는 무엇일까요? 다른 사람을 나보다 못하거나 이용해야 할 대상으로 보지 않고, 나와 다름을 차별이 아닌 차이로 존중하고, 지구에서 관계를 맺으며 함께 살아가는 이웃으로 인정하려는 마음이 점점 널리 퍼졌기 때문 아닐까요? 내 옆에 항상 있었던, 나와 피부색이 다르고 성별이 다르고 나보다 약한 존재를 '함께 살아가는 인간'으로 받아들이고 존중하기까지 참 많은 노력이 필요했고 오랜 시간이 걸렸네요.

🍁 내 옆의 비인간 존재인 반려동물부터 지구 위에서 함께 살아가는 모든 존재들까지

엄마 달걀 좀 집어 올래? 동물 복지 달걀로 골라 와. 1번으로.

아이 왜요? 너무 비싼데? 다른 달걀은 이거 반값이에요. 근데 왜 동물 복지 달걀이 더 비싸요?

엄마 그건 닭들이 어떻게 자랐느냐의 차이 때문이야. 일반 달걀은 좁은 케이지 안에서 꼼짝 못 하고 사는 닭들이 힘들게 낳은 알이고, 동물 복지 달걀은 그래도 자연에서 좀 뛰어놀면서 사는 닭들이 낳은 알이거든.

아이 어차피 달걀은 다 똑같은 거 아니에요?

엄마 우리가 매일 먹는 달걀을 낳는 닭들인데, 걔네를 가혹하게 키우는 건 너무하잖아. 돈은 좀 더 들겠지만 그래야 닭도 좀 자유롭고 먹는 우리도 마음 편하지.

동물의 권리라는 말이 낯설지 않은 지금, 인간의 권리에 대해 조금 더 생각해 봅시다. 우리는 왜 내가 아닌 다른 인간을 존엄한 존재로 존중하고 그 권리를 인정하는 걸 그토록 당연하게 받아들일까요? 다른 사람이 다 그렇게 생각하니까요? 그럼 다른 사람들은 왜 다 그렇게 생각할까요? 이유는 간단합니다. 인간은 혼자서는 살 수 없으니까요. 내가 존중받고 싶은 만큼 상대방을 존중해야 함께 잘 살아갈 수 있기 때문이지요.

앞에서 살펴보았듯, 이런 권리는 처음부터 모든 인간에게 주어진 것은 아니었어요. 사람들의 사고방식과 사회 구조가 달라지고 변화하면서 유색인, 여성, 어린이를 넘어 장애인, 성소수자에 이르기까지 점차 사회적 약자들에게로 확대되었지요.

이처럼 인간은 함께 살아가기 위해 서로를 더 많이 이해하려 노력

공장식 축산의 현실을 알리는 호주 동물 보호 단체 보이스리스(Voiceless, 목소리없는)의 '진실은 삼키기 어렵다' 캠페인.

해 왔고, 권리를 존중해야 하는 대상들도 점차 넓혀 왔어요. 그리고 마침내 우리와 항상 함께하는 비인간 동물들의 권리를 인정해야 한다는 목소리도 내기 시작했어요. 비인간 동물들의 고통과 아픔에 공감하는 사람들이 계속 늘어났기 때문이지요.

그 결과 동물 실험을 금지하고 동물 복지를 보장하는 법이 만들어지는 등 변화가 이루어지고 있어요. 인간의 권리에 비하면 아직 작은 발걸음을 뗀 것에 불과하지만, 인간의 권리가 확대되어 온 것처럼 동물의 권리도 점차 확대되어 가지 않을까요?

우리 옆에는 인간만 있는 게 아니라 비인간 존재인 동물도 있고 나무와 꽃도 있고 산과 강과 돌멩이도 있지요. 인간이 함께 잘 살기 위한 상호 작용은 인간 사이에서만 일어나는 것이 아닙니다. 인간과 인간, 인간과 비인간 동물, 지구의 모든 생명체뿐만 아니라 강이나 산, 흙, 돌 등 자연물과도 상호 작용이 일어나고 있어요.

인간과 인간이 함께 잘 살아가기 위해 인간의 권리를 확장해 왔듯이, 인간과 비인간 동물이 함께 잘 살아가기 위해 비인간 동물의 권리를 인정하기 시작했듯이, 자연과 함께 살아가야 한다는 공감대가 만들어지고 있는 지금이 바로 자연의 권리에 대한 고민을 시작해야 할 때가 아닐까요? 그러다 보면 언젠가 자연의 권리도 당연하게 인정하지 않을까요?

2.

나무가 소송을
할 수 있을까?

🍁 '자연의 권리'가 보장되기 시작한다면

선달 야, 진짜 웃기지 않냐? 나무가 사람을 고소한다는 게 말이 돼? 나무 허락 없이 그늘에 좀 앉았다고 고소당할 판이야. 그럼 나도 길에 낙엽 뿌린 죄로 나무를 신고해야 맞는다고. 쓰레기 무단 투기로. 눈에는 눈, 이에는 이.

온 에이, 나무에서 과일 따 먹고 장작불 때고 그늘 좀 누리는 건 인간 생존을 위한 기본 활동인데 그걸 걸고넘어지겠어?

선달 그런데 왜 나무한테 사람을 고소할 권리를 준다는 거야? 네 말대로 우리는 필요해서 나무를 이용하는 것뿐이잖아. 요 앞산에 팻말 봤지? '사유지이므로 나물 채취 및 나무 벌채를 금지합니다.' 나무는 누군가의 소중한 재산이기도 하다고.

온 나무한테 권리가 생겼다고 설마 나무 한 그루 한 그루마다 인간과 똑같은 권리를 보장해 주는 건 아니겠지. 그보다는 나무를 생태계의 한 구성원으로 보고 그 권리를 좀 생각해 보자는 얘기 같아.

선달 하아, 지구 생태계까지 나오면 너무 가는 거 아니야? 그럼 자연에 있는 것들 전부 권리를 인정해야 해? 아프리카에서 사자가 가젤 잡아먹으면 가젤 입장에선 살해당한 거라고. 그렇다고 사자를 감옥에 가둘 수는 없잖아. 사자 입장에서는 그냥 먹고살려고 사냥해 섭취한 것뿐인데. 양쪽 다 정당한 이유가 있는데 누가 그걸 판단하겠어?

온 설마 먹이 사슬을 법적으로 판결하겠어? 이 법은 우리가 항상 사람 기준으로만 자연의 가치를 판단했으니까 그 관점을 바꿔 보자는 거 같아. 그래서 그러는데 너는 나무가 하는 일이 뭐라고 생각하냐?

선달 그야 우리한테 산소 주고 열매 주고 목재랑 땔감 주는 거지.

온 너는 진짜, 나무가 무슨 자판기냐? 산소 뽑고 열매 뽑고. 너는 친구 사귈 때도 쟤랑 놀면 나한테 뭐가 이득일까부터 생각하지?

선달 당연하지. 상대가 누구든 내가 얻는 게 있어야지.

온 근데 뭘 얻고 말고는 인간과 나무 사이에서나 중요하지, 지구 생태계에서 크게 보면 나무는 열매 주고 땔감 주는 존재는 아니잖아. 나무가 있어야 숲도 있고 동물도 살고 곤충도 살지.. 뭐 그래 봐야 너는 또 그건 다 식재료라고 말하겠지만.

선달 야, 그 정도는 아니다. 수분 저장, 탄소 순환 그런 거 나도 다 안다고. 그냥 왜 갑자기 나무의 법적 권리를 얘기하냐는 거지. 그런다고 뭐가 달라져? 도대체 나무의 권리가 뭔지 우리가 어떻게 알아? 나무가 입이 있어 말해 줄 것도 아닌데!

수백 년을 살아온 나무를 올려다보는 인간.

온과 선달이 나눈 대화가 어떤가요? 그런데 이 이야기는 지금으로부터 50여 년 전인 1972년에 미국 법정에서 실제로 오갔던 이야기랍니다. 놀랍게도 '나무가 소송할 권리'를 다투는 재판이었지요. 자연의 권리를 풍자한 시가 미국 변호사 협회지에 실리기도 했어요.

정의의 사도 더글러스(자연물에게도 소송할 권리가 있다고 의견을 낸 판사)의 뜻대로 된다면

오, 그 끔찍한 날은 제발 오지 않기를!

우리는 호수와 언덕한테 피해 보상을 요구받으며 고소당할 거야.

이름난 산봉우리들도 갑자기 소송을 걸겠지.

책들은 법정에서 떠들썩하게 굴며 우리에게 불법 행위로 인한 손해 배상을 요구할 거야.

나무가 곧 나를 고소할지도 모르는데 어떻게 나무 그늘에서 쉴 수 있겠어?

나와 장난치는 돌고래가 알고 보니 인신 보호(부당하게 갇혀 자유를 제한당할 때 법원에 풀어 달라고 요구하는 절차)를 청구하고 있다면?

맹수들도 발톱 아래 인신 보호 청구서를 꼭 쥐고 소명 명령(당사자에게 해명을 요구하는 절차)을 요구하겠지.

법정은 사방에서 몰려드는 땅덩어리들의 소송으로 가득 찰 거야.

아! 하지만 복수는 달콤하지. 왜냐면 법은 쌍방이니까.

이웃집 나무가 우리 집에 낙엽을 떨구면 즉시 고소하고 이기자마자 강제 집행 명령을 받아 낼 거야.

개미들이 내 음식을 건드리면 무단 침입죄로 고소해야지.

죄책감 없이 내 음식을 먹어치우는 벌레들에겐 접근 금지 명령을 받아 내고 연방 보안관들에게 살충제 한 트럭을 제공하겠어!

「시에라 클럽 대 모턴(Sierra Club v. Morton) 사건의 더글러스 판사의 의견에 붙여」, 존 나프 주니어, 1972년.

✤ '답게' 존재하고 싶어

인간의 권리를 '인권'이라 부릅니다. 사람이 사람답게 살아갈 권리를 말하지요. 동물도 각자의 습성에 맞게 동물답게 살아갈 권리가 있어요. 우리는 그걸 '동물권'이라 불러요. 그렇다면 나무, 숲, 강, 바다, 토양과 같은 자연에도 자연답게 존재할 권리, 즉 '자연의 권리'가 있지 않을까요?

팜유 농장을 예로 들어 자연이 자연'답게' 존재한다는 것의 의미를 살펴봅시다. 팜유는 전 세계에서 가장 많이 사용되는 식용 기름으로, 기름야자라고 불리는 팜나무 열매의 과육에서 채취해요. 과자, 라면, 초콜릿 등을 만들거나 화장품, 약, 바이오 에너지 등에 쓰이지요.

전 세계 팜유의 약 80퍼센트 이상이 인도네시아와 말레이시아 팜유 농장에서 생산되고 있어요. 팜유 기업들은 늘어나는 수요에 맞춰 열대 우림을 밀어 버리고 그 자리에 팜나무 농장을 만들고 있습니다. 셀 수 없을 만큼 다양한 종류의 나무를 없애고, 그 자리에 오직 팜나무만 심지요. 나무를 베어 냈지만 도로를 만들거나 공장을 지은 게 아니라 다시 나무를 심은 거고, 농장 일꾼들이 팜유를 팔기 위해 나무를 애지중지 키울 테니, 이 경우엔 자연의 권리를 잘 보장하고 있다고 말할 수 있지 않을까요?

그런데 인도네시아와 말레이시아 열대 우림은 19000여 종이 넘는 식물이 존재하고 그중 나무만 2000여 종이 넘는 등 식물 종류가 다양한 곳으로 손꼽히는 지역이었어요. 국제 환경 보호 단체인 세계자연기금WWF에 따르면 전 세계에 알려진 식물, 포유류, 조류의 약 10~15퍼센트가 보르네오섬의 숲에 서식했는데, 최근 그 숲의 절반 이상이 팜유 농장으로 변해 버렸다고 해요.

열대 우림은 어마어마한 종류의 생물들이 함께 살아가는 서식지예요. 희귀종인 오랑우탄, 나무캥거루, 늘보주머니쥐, 수마트라 호랑이, 보르네오 코끼리 같은 멸종 위기 동물들도 많이 살고 있고요. 다양한 생물 종들은 서로를 지탱하며 열대 우림 생태계의 균형을 유지하고, 열대 우림은 다시 전체 지구 생태계의 균형을 유지합니다.

하지만 팜유 농장으로 바뀐 열대 우림은 수십 킬로미터 지평선 끝까지 오직 단 한 종류 팜나무만이 존재하는 공허한 '녹색 사막'으로 변해 버렸어요. 다양한 생물이 살아 숨 쉬던 열대 우림이 열대 우림'답게' 존재하는 모습은 더 이상 찾아볼 수 없지요.

울창한 열대 우림을 밀어 버리고 만든 팜나무 농장.

🍁 녹색 사막의 나무가, 도롱뇽이, 황금박쥐가, 검은머리물떼새가, 산양이 소송을 할 수 있다면

만약 자연의 권리를 인정한다면, 그것도 '법'으로 인정한다면 어떻게 될까요? 인간이 무언가를 결정할 때 '자연의 권리를 침해하지 않는다.'라는 기준이 의무적으로 추가될 수 있어요. 숲을 밀고 팜나무만을 심으려는 기업들도 법에 따라 제재할 수 있게 되고요. 하지만 현재 대부분의 나라에서 자연의 권리를 인정하지 않기에, 자연이 자연답게 존재하는 모습 역시 고려하지 않습니다.

자연의 권리를 법으로 인정하면 자연물이 소송을 할 수 있습니다. 자연물이 법정에서 자기 권리를 주장한다니 낯설고 이상하게 들리겠지만, 20여 년 전 우리나라에서도 도롱뇽이 법정에 섰던 사건이 있었어요. 1990년대에 정부가 고속철도 경부선 건설을 위해 경상남도 양산시에 있는 천성산을 관통하는 13킬로미터의 터널 공사를 계획했어요. 이 터널이 뚫리면 늪과 계곡들이 말라붙어서, 멸종 위기종으로 보호되고 있던 1급수 환경 지표종인 꼬리치레도롱뇽의 서식지가 파괴될 위험이 있었지요.

2002년 공사가 시작되자 도롱뇽이 정부를 상대로 소송을 걸었어요. 환경 단체가 대리인이 되어 도롱뇽을 원고(소송을 제기하는 쪽. 소송을 당하는 쪽은 피고.)로 '천성산구간 공사착공금지 가처분 소송'을 제기한 거예요. 어떻게 되었을까요? 우리나라 대법원은 도롱뇽이 '당사자 적

일부 비인간 동물의 권리가 법으로 보장되기 시작했다.

격'을 갖추지 못했다는 이유로 소송 자체를 인정하지 않았어요. 당사자 적격이란 법원에 소송을 제기하고 판결을 받을 수 있는 자격을 말해요. 대법원이 자연물에게는 자신의 권리를 주장할 수 있는 자격이 없다고 판단한 것이지요.

그럼에도 2008년에는 충주에서 황금박쥐가 도로 확장을 막아 달라고, 2010년에는 군산에서 검은머리물떼새가 발전소 건설을 취소해 달라고, 2019년에는 오대산에서 산양들이 케이블카 공사를 중단해 달라고 소송을 제기했습니다. 법원은 모두 '현재 어떠한 법령에도 동물을 비롯한 자연물 그 자체에 대해 당사자 능력을 인정하고 있는 규정이 없다'라며 소송을 종료시켰어요. 자연물은 권리를 인정받기는커녕 법정에 설 자격조차 허락받지 못했지요.

이런 판결은 지금까지 전 세계 수많은 법정에서 반복해서 일어나고 있어요. 최초이면서 가장 유명한 사례는 앞에서 소개한 풍자시가 등장했던 1972년 '시에라 클럽 대 모턴' 사건이에요. 월트 디즈니사는 캘리포니아 시에라네바다 산맥의 세쿼이아 국유림에 거대한 스키 리조트를 지으려 했어요. 미국 삼림청은 개발해도 좋다고 승인했습니다. 그러자 환경 단체인 시에라 클럽이 삼림 벌채를 막기 위해 소송을 제기했지요. 모턴은 빙하와 눈 녹은 호수가 아름다운 미네랄 킹 계곡에 공사 허가를 내 준, 당시 미국 내무부 장관 이름이랍니다.

법원은 피해를 입은 개인이 소송을 제기해야 하는데, 시에라 클럽은 이 일로 직접 손해 볼 개인이 없으니 소송 당사자가 될 수 없다고 청구를 배척했어요. 그러자 시에라 클럽은 미국 연방 대법원의 판결에 불복하며, '나무가 소송의 원고가 될 수 있다.'라는 아주 중요한 주장을 했습니다. 결론은 '당사자 적격 없음'으로 났지만, 나무에게도 권리가 있다는 주장이 큰 주목을 받았어요. 대법관 중 한 명인 더글러스 판사가 나무의 권리를 지지하는 의견을 내었고, 이를 풍자하는 시가 발표되기도 했고요.

그런데 자연은 사람이 아니니까 '당사자'가 될 수 없고, 그래서 권리를 주장할 수 없는 걸까요? 그렇지 않습니다. 이미 법에서는 스스로 목소리를 내지 못하는, 사람이 아닌 '비인간'들의 권리를 인정하고 있거든요. 법인기업, 사단법인, 재단법인, 비영리법인 같은 말을 한 번쯤은 들어 봤지요? 현대 사회에서는 사람이 아니더라도 회사나 단체에 사람 인(人) 자를 붙여 '법인'으로 부르며 법적인 권리를 인정하고 있어요. 심지어 미국은 선박도 법인이에요. 해상 운송은 소유권도 복잡하고 사건도 국제적이어서 배가 직접 권리와 책임을 요구할 수 있게 만든 거예요.

지금까지 대부분의 환경 침해 소송은 자연물을 소송 당사자로 인정해 주지 않았습니다. 하지만 자연물을 법인으로 인정한다면 자연의 권리를 법적으로 보호할 수 있습니다. 그리고 회사나 단체의 대표자가 법인의 권리를 대변하는 것처럼 자연도 법정 대리인을 두고 권리를 주장할 수 있게 되지요.

무엇보다 자연의 권리를 법적으로 인정한 사례가 이미 존재합니다.

뉴질랜드 의회에서 2017년에 통과된 '황거누이강 합의법'이지요. 이제 황거누이강을 훼손하거나 오염시키면 사람에게 범죄를 저지른 것과 동일한 법적 관점에서 처벌을 받는 거예요.

🍁 나무가 법정에 서면 무슨 일이 일어날까?

자연이 법정에 서는 게 가능한 미래가 실현된다면 어떤 것들이 변하게 될까요? 이런 상상은 이미 50여 년 전 처음 자연의 권리를 이야기할 때부터 시작되었어요. 시에라 클럽이 나무의 권리를 주장했을 때, 법학자 크리스토퍼 스톤 교수는 「나무도 원고 적격(소송을 낼 자격)을 가져야 하는가?」라는 논문에서 자연의 권리를 보장하려면 다음과 같은 과정이 진행되어야 한다고 이야기했어요.

먼저 법원처럼 자연이 권리를 침해당했을 때 이를 심사할 공적 기관이 있어야 합니다. '자연다움'이 무엇인지에 대한 심사 기준도 필요하지요. 자연이 자연답게 존재하며 생태계가 균형을 이루는 상태에 대한 기준이 명확해야 자연이 훼손되었는지 아닌지 판단할 수 있으니까요.

심사 기준과 기관이 정해지면 실제로 권리 침해 여부를 판단할 수 있습니다. 예를 들어 열대 우림을 팜나무 한 종으로만 채우는 일은 다양한 생물들이 공존해야만 자연답게 존재할 수 있는 열대 우림의 권리를 침해한 것으로 판단할 수 있겠지요. 자연을 사람의 재산으로서

캐나다 몬트리올 식물원의 조경 작품 〈어머니 지구〉.

보호한다는 관점이 아니라, 자연 자체의 권리가 침해되지 않도록 한다는 관점입니다.

이렇게 재판에서 자연의 권리가 침해당한 사실이 인정되면, 권리 회복을 위한 구제 조치가 강제력 있는 판결로 제시될 수 있어요. 팜유 농장을 운영하는 기업들은 열대 우림을 복원해야 할 거예요. 자본과 시간과 노력을 들여 동물들의 서식지를 복원하고 생물 다양성도 회복시켜야 하지요. 법이 인간이나 기업의 이익이 아니라 오롯이 열대 우림의 권리와 이익을 위해서 시행되는 거예요.

그런데 자연의 권리를 모두 보장하는 미래가 온다면 너무 많은 권리가 서로 충돌하면서 혹시 엄청난 양의 소송들이 이어지지는 않을까요? 앞에서 소개한 풍자시의 뒷부분을 마저 읽어 보아요.

소송을 즐긴다면 논란은 언제든 있지.

물고기가 소화 불량에 걸리는 것만으로도 연방 정부가 조사에 나설 테니까. 더글러스 판사가 산책하는 동안 환경을 오염시킨 사람은 감옥에서 썩겠지. (중략)

뭐, 어떤 손해를 보더라도 잘못을 바로잡아야 한다면 그러라고 해.

삼권 분립 나라에 살면 뭘 해, 자연이 소송할 권리를 인정하라는데.

건국의 아버지들이 생태학을 몰랐던 걸 탓해야지.

환경을 보호하라는 요구를 무시할 순 없겠지, 누군가 권리를 빼앗겨선 안 되니까.

그래, 그러니까, 이제는

생명이 없는 물건에게도 소송할 권리를 주자고.

돌멩이들도 소리 지르며 고소할 거야, 당연히 승소하겠지.

법원이 늑장 부리면 대법원으로 끌어올려 단칼에 처리하려 들겠지.

모든 산봉우리가 '표현의 자유'를 보장받는 그날까지 말이야.

공무원들은 혹시 바위 하나가 반대할까 봐 아무 말도 못 할걸.

그래, 인간 따위 신경 쓰지 말고 자연이 마음껏 세상을 지배하게 하자고.

"세상에 있는 모든 게 네 것이니 진정한 어른이 되어라, 아들아."라는 시

가 있었지.

하지만 세상이 다 네 거라고 해도, 네가 개발 허가서를 내밀면

더글러스 판사가 반대할걸.

이 시가 조롱한 것처럼 자연에 권리를 준다고 과연 세상이 뒤집힐까요? 오히려 자연에 권리를 주지 않았기 때문에 지금 우리가 멸종 위기와 기후 위기를 겪고 있는 게 아닐까요? 시를 쓴 사람은 지구의 다른 존재들을 무시하고 오직 인간의 이익만 생각한 게 아닐까요?

지구가 위기에 빠진 지금, 우리는 인간 중심적이었던 관점에서 벗어나는 것부터 시작해야 해요. 자연의 권리를 보장하면 인간의 경제적 이익을 위해 무분별하게 이루어지는 개발과 훼손을 막을 수 있어요. 법적 토대를 마련하려면 많은 것들이 필요하지만, 다행히 이러한 논의와 변화가 전 세계적으로 조금씩 확대되고 있어요.

2010년, 볼리비아 코차밤바에서 발표된 '기후 변화와 어머니 지구의 권리에 대한 세계 선언'의 마지막 문장을 읽어 봅시다.

모든 존재는 고유한 권리를 갖고 있으며 그 권리는 다른 존재의 권리에 의해 제한됩니다. 권리들이 서로 충돌할 때는 지구 전체의 온전함, 균형 및 건강을 유지하는 방식으로 해결해야 합니다.

이 문장은 우리가 자연의 권리를 어떻게 받아들여야 하는지를 알려 주고 있어요. 지구는 상호 의존적인 살아 있는 공동체이며, 지구에서 살아가는 우리도 지구의 일부예요. 사람에게 인간의 권리가 있듯 나무에게는 나무의 권리가 있습니다. 지금까지처럼 사람의 권리만을 최우선으로 두는 게 아니라, 모든 존재의 권리가 서로 조화롭게 균형을 이루도록 바꿔 나가야 하겠지요. 권리에 우선순위를 매기기보다 지구의 모든 존재가 서로 깊이 연결되어 있음을 이제는 알아차려야 하지 않을까요?

3.

강이 권리를 가지면
무엇이 달라질까?

🍁 세계 최초로 인간과 동등해진 강, 황거누이

2017년 3월 15일, 뉴질랜드 의회를 통과한 새로운 법이 지구를 떠들썩하게 했어요. 바로 '황거누이강에 대한 권리 청구권 합의법(이하 황거누이강 합의법)'이에요. 이 법은 세계 최초로 '강'에 인간이나 회사처럼 법적 지위를 부여해, 강의 권리를 '법'으로 공식적으로 인정했습니다. 《뉴욕타임스》, 《BBC》 같은 전 세계 언론이 앞다투어 '드디어 사람이 된 강', '뉴질랜드, 세계 최초로 강에 인간의 지위 부여', '이제부터 강을 사람으로 대하라' 같은 헤드라인을 뽑았지요.

'강의 권리'라는 게 도대체 뭐길래 이토록 큰 관심을 받았을까요? 강이 사람처럼 권리를 가진다니, 그렇다면 강을 가로지르는 다리를 놓거나 강바닥의 자갈과 모래를 파내려면, 강한테 물어보고 허락을 받아야 한다는 뜻일까요? 누군가 강에 쓰레기를 버리거나 오염수를 흘려보내면, 강은 그 사람에게 진심 어린 사과와 함께 피해 복구를 요구할

위 황거누이강 하류에 자리잡은 제법 큰 도시인 황거누이시의 모습.

아래 황거누이강 상류의 모습으로 '뉴질랜드의 이 강은 법적 인격체입니다. 어떻게 그의 목소리를 들어야 할까요?'라는 기사를 올린 전미지리협회 웹페이지.

수 있는 걸까요?

이 이상한 질문에 대한 '황거누이강 합의법'의 대답은 '그렇다'입니다. 이제 황거누이강의 물을 사용하는 정책을 세울 때, 뉴질랜드 정부는 황거누이강과 협의를 해야 해요. 강이 말을 할 수 있는 것도 아닌데, 도대체 '강'과 어떻게 대화해야 할까요?

'황거누이강 합의법'의 실제 이름은 〈Te Awa Tupua Act(테 아와 투푸아 법)〉인데, 합의법에는 '테 아와 투푸아'가 황거누이강에 대한 권리를 가진 존재라고 명시되어 있지요. 그러니까 뉴질랜드 정부는 '테 아와 투푸아'와 협의를 해야 합니다. 테 아와 투푸아가 누구냐고요? 아래 합의법 제13조를 함께 읽어 볼까요?

(a) 강은 영적, 육체적 생계의 원천이다. 테 아와 투푸아는 황거누이강의 생명과 자원, 그리고 이위(부족)와 하푸(하위 부족) 및 다른 지역 사회 공동체의 건강과 복지를 뒷받침하고 지속시키는 영적, 물리적 실체다.

도대체 무엇이 영적이면서 물리적인 실체일 수 있을까요? 더군다나 법 조항에 명시된 영적 존재라니! 테 아와 투푸아가 단순히 강을 가리키는 게 아니라 강을 넘어서는 어떤 존재를 일컫는 말이란 걸 알 수 있어요. 우리말로는 '신성한 강' 정도로 번역할 수 있지요. 테 아와 투푸아에는 두 명의 법적 대리인이 있고, 이들이 강의 권리를 대변한답니다. 한 명은 뉴질랜드 정부가 임명하고, 다른 한 명은 마오리족이 임명해요. 황거누이강 합의법 협상을 맡은 크리스토퍼 핀레이슨 장관은 다음과 같이 말했어요.

"이 법은 황거누이강과 마오리족의 깊은 영적 유대를 반영한 것으로, 강의 미래를 위한 단단한 토대를 만들었다."

'영적 유대'라니, 듣기만 해도 마오리족과 황거누이강 사이에 뭔가 있다는 생각이 들지요? 강 주변에 마오리족이 많이 사나, 하는 생각도 들 거예요. 그런데 이상합니다. 황거누이강이 마오리족에게 중요하다면, 뉴질랜드 정부가 강을 개발하거나 보존하기 위해 마오리족과 직접 협상하면 그만일 텐데 왜 굳이 '강'에게 권리를 부여한 걸까요? 강에게 권리를 부여한 다음 사람을 대리인으로 내세우는 대신, 곧바로 '마오리족은 황거누이강에 대한 권리를 갖는다'라고 정하는 게 훨씬 간단하지 않을까요? 그럼에도 뉴질랜드 의회는 왜 강을 사람처럼 대하라는 법을 통과시켰을까요? 심지어 그냥 강도 아니고 '테 아와 투푸아'라는 아리송한 존재를 맨 앞에 내세워서 말이에요.

🍁 이제부터 강을 사람처럼 대하라고?

궁금증을 풀기 위해 황거누이강 합의법을 더 읽어 봅시다. 제3조에

이 법의 목적이 나오는데, 다음과 같아요.

뉴질랜드는 영국 국왕을 국가 원수로 삼는 입헌 군주제 국가예요. 왕실의 '사과'를 기록한다고 공식적으로 법에, 그것도 법의 목적 첫 항에 명시하다니, 큰 잘못이라도 저지른 걸까요?

마오리는 뉴질랜드에서 700여 년 넘게 살아온 선주민입니다. 이들은 호주와 뉴질랜드 북동쪽에 있는, 하와이를 포함한 1000여 개의 섬으로 이루어진 남태평양 폴리네시아 지역에서 건너왔어요. 이전까지 뉴질랜드는 무인도였지요. 17세기에 발을 들이기 시작한 유럽인들이 19세기가 되자 본격적으로 이주해 오고, 그러다 뉴질랜드가 영국의 식민지가 되기 전까지, 마오리 선주민들은 여러 이위(부족)와 하푸(하위 부족)로 나뉘어 각자의 땅에 대한 책임과 권리를 다하며 수백여 년을 살아왔어요.

우리가 흔히 쓰는 '신대륙의 발견'이라는 말에는 유럽 중심의 관점이 반영되어 있어요. 유럽인들에게나 신대륙이지, 원래 그 땅에 살던 사람들에게는 해당하지 않는 말이니까요. 대항해 시대에 유럽인의 이주는 선주민들에겐 침략, 전통과 문화의 상실, 자원의 수탈로 이어지는 슬픈 역사입니다. 유럽인들은 '탐험'과 '모험'이라는 이름 뒤에 경제적 이익을 얻고 영토를 확장하려는 야심을 숨겼어요. 그리고 그곳에서 수백수천 년을 살아온 선주민들의 삶을 빼앗았어요.

뉴질랜드에서도 비슷한 일이 일어났지요. 마오리가 지켜온 전통과 가치, 그들이 맺어 온 자연과의 관계는 '문명과 기술'이라는 이름 아래 무시되었어요. 하지만 마오리 황거누이 이위는 이를 바로잡기 위해 150여 년이나 지치지 않고 끈질기게 싸워 왔습니다. 그 결과가 바로 황거누이강 합의법이고, 영국 왕실도 그동안 마오리의 요구를 외면한 것에 대해 '사과'한 거예요. 법이 통과되면서 뉴질랜드 정부는 황거누이 이위에게 8000만 뉴질랜드 달러(우리 돈 약 650억 원)를 배상했고, 강을 보존하기 위해 3000만 뉴질랜드 달러를 투입하기로 했지요.

그런데 여전히 테 아와 투푸아가 어떤 존재인지 아리송하지요? 왜 마오리족은 강의 권리를 되찾는 과정에서 테 아와 투푸아의 존재를 인정하라고 했을까요? 합의법 제13조를 더 읽어 볼까요?

(c) 나는 강이고 강은 나다. 황거누이강의 이위와 하푸는 테 아와 투푸아의 건강과 복지에 대해 분리할 수 없는 상호 연결과 책임이 있다.

(d) 크고 작은 시냇물이 서로 흘러들어 하나의 강을 이룬다. 테 아와 투푸아는 많은 요소와 공동체로 구성된 단일 존재로 이들은 서로의 건강과 복지라는 공동 목적을 위해 협력하고 있다.

피터 롬 감독의 황거누이강 다큐멘터리 〈나는 강이고 강은 나다〉. 카누 여정에 나선 마오리 선주민이 강과 연결된 삶을 되새기는 이야기.

우리가 흔히 보는 법조문과 달리, 심오하고 철학적인 데다 마치 시처럼 느껴지지 않나요? '나는 강이고 강은 나다'라고 선언할 만큼, 마오리족에게 강은 너무나 특별한 것만 같습니다. 둘은 과연 서로에게 어떤 존재인지, 지금부터 오래전 이야기를 들려줄게요.

🍁 하와이키의 바다 길잡이

기원후 1213년 어느 날, 남태평양의 푸른 섬 하와이키 앞바다.

"파이 쿠페! 이번 바닷길에 동행을 허락해 주셔서 감사합니다. 당신의 눈이 향하는 곳을 보고, 당신의 말씀을 새겨듣겠습니다!"

와카 '마타호루아'는 하와이키의 해안을 뒤로하며 바다로 미끄러져 나아갔다. 와카는 대형 카누 두 대를 묶어 그 위에 널찍한 갑판을 설치한 먼 바닷길용 쌍동선이다. 마타호루아는 연안으로 밀려오는 파도들을 연거푸 넘으며 너른 바다로 향했다.

쿠페는 마타호루아의 카이와카테레(kaiwhakatere, 길잡이 또는 항해사)이자 신장이나. 쿠페는 하와이키에서 손꼽히는 '파이(Pai, 좋음 또는 최상)'다. 파이는 최고의 길잡이에 대한 존칭이다. 견습 길잡이인 마나아키는 배가 나아가는 길을 바라보는 쿠페의 뒤에 섰다. 아직 견습 중인 마나아키에게 쿠페의 옆에서 보고 배울 수 있는 이번 항해는 크게 성장할 수 있는 행운의 기회였다.

하와이키의 길잡이는 사방이 수평선인 바다 한가운데에서 길을 찾아낸다. 이들에게는 해도도 없고 나침반도 없다. 대신 해와 달과 별이 길잡이에게 방향을 알려 준다. 길잡이는 바닷물과 바람의 흐름도 읽는다. 삼각돛을 펼쳐 자유자재로 바람을 이용하고 조류를 타며 배가 쉼 없이 나아갈 수 있도록 안내한다.

먼바다로 나오자 묵묵히 앞을 바라보던 쿠페가 입을 열었다.

"마나아키! 하와이키 쪽을 돌아보게. 뭐가 보이는가?"

"네, 쿠페! 하와이키가 점점 작아지고 있습니다. 아…… 하와이키가 수면 아래로 사라졌어요!"

"하와이키 위에 있는 구름을 보게. 주변과 어떤 점이 다른가?"

"오, 하와이키 위의 구름만 아랫부분 색이 좀 다른 것 같습니다."

"그래. 땅 위의 구름은 땅을 비춘다는 걸 잊지 말게. 구름 아랫부분 색이 주변 바다 위의 구름과는 다르게 땅의 색을 엷게 띠면, 그 구름 아래에는 땅이 있네. 지대가 높을수록 구름도 두꺼워지지. 꼭 기억하게나. 그리고 앞으로 무엇을 배우든 언제나 이 한 가지를 명심하게. 우리 길잡이에게 가장 중요한 사명은 새로운 땅을 찾는 것임을."

쿠페는 잠깐 하늘과 바다를 보고는 마나아키에게 다시 질문했다.

"자네, 다른 땅으로의 바닷길은 처음이지?"

"네, 쿠페! 물고기를 잡아 올리기 위해 어장에는 여러 번 가 봤지만, 다른 땅을 찾아 나서는 건 처음입니다."

"바다 너머 땅이라고 해도 새로울 건 없어. 그 땅에 사는 사람들도 우리와 비슷한 말을 쓰고, 비슷한 이야기를 자손들에게 전하거든. 많은 게 비슷해. 심지어 그들도 자신들이 사는 땅을 하와이키라고 부르지. 사실 바다 위 모든 섬에 사는 사람들은 전부 최초의 하와이키에서 온 이들의 자손이야. 그래서 자신들이 사는 땅을 똑같이 하와이키라고 일컫지. 우리는 바다 너머 각자의 땅에 흩어져 살고 있지만, 모두가 하와이키에 발을 딛고 있는 셈이야."

"쿠페, 우리에겐 왜 길잡이가 필요한지, 길잡이는 왜 새로운 땅을 찾아 나서야 하는지, 그 이유를 물어봐도 될까요?"

"우리가 사는 땅은 한결같이 우리를 돌봐 주지. 우리가 그 땅에 살기 전에는 그곳에 누구도 살지 않았어. 시간이 지날수록 사람들은 점점 더 늘어나고, 땅에서 점점 더 많은 것을 얻어야 하지. 하지만 바다로 둘러싸인 땅은 넓어지지 않아. 그러면 땅은 점점 힘들어한다네. 결국 땅은 우리를 돌볼 힘을 잃게 되고, 우리도 힘들어져. 조상들은 그 사실을 알고 땅이 힘들어하기 전에 새 땅으로 떠나기로 원칙을 정해 두었어. 언제 떠날지는 원로 회의에서 결정하지만, 어디로 가야 할지, 그 새 땅을 찾는 일은 온전히 길잡이의 몫이라네."

"우리도 언젠가는 새 땅을 찾아 떠나야 하나요?"

"곧 떠나야 할걸세. 길잡이들에게 전해져 내려오는 말이 있어. 모두가 조화를 이루고 만족할 때, 길잡이는 새 땅을 찾아 떠난다는. 난 지금이 그때라고 생각하네. 나는 이미 준비하고 있다네. 이번 여행이 끝나면 새로운 바닷길을 개척할 생각이네. 모두가 조화롭고 만족하는 때는 길지 않아. 땅의 힘이 약해지고 열매가 마르는 때가 오고 있어. 어두운 그림자가 드리운 뒤에는 이미 늦어. 그러기 전에 새로운 땅을 찾아내야 해. 마나아키, 자네 이름의 뜻이 '축복'이지? 길잡이에게 썩 어울리는 이름이야. 길잡이는 모두에게 축복이 되어야 하니까."

🍁 흰 구름이 길게 뻗은 땅을 발견하다

기원후 1215년 어느 날, 하와이키로부터 남서쪽으로 2500킬로미터 떨어진 바다 한가운데.

쿠페가 어렸을 때부터 꿈꾸던 순간이 왔다. 그는 아주 오래전부터 너른 바다 곳곳에 있는 다른 땅에 대한 이야기와 그곳을 발견해 낸 선조들의 이야기에 온통 마음을 빼앗겼고 마침내 최고의 길잡이가 되었다.

하와이키 사람들의 세계는 대대로 길잡이들에 의해 확장되어 왔다. 바다에는 언뜻 길이 없어 보인다. 눈에 보이는 건 하늘과 바다뿐이지만, 길잡이는 그 사이에서 길을 본다. 하늘의 해와 별, 구름, 새와 고래의 이동, 바람의 방향까지 그 모든 것이 길을 알려 준다. 선대 길잡이들은 길은 항상 새롭다고 했다.

하와이키에는 '테 이카 아 마우이(Te Ika a Maui, 마우이의 물고기)'에 대한 이야기가 전해 내려온다. 이는 약속의 땅이자, 더 이상 새로운 땅을 찾아 떠날 필요가 없는 넓고 풍요로운 땅이다. 쿠페는 선조들이 남긴 이야기를

3천여 년의 역사를 가진 폴리네시아 선주민은 바다 위에 하와이, 뉴질랜드, 이스터섬
을 세 꼭짓점으로 삼는 거대한 삼각형 안을 누벼 왔다. 이들은 나침반이나 지도 없이
자연의 징후만으로 항로를 찾았다.

참고해 남쪽으로 항로를 잡았다. 항해 계획을 여러 번 점검하고 야콘과 물, 코코넛 열매, 말린 생선을 최대한 싣고 직접 물고기를 잡아 식량을 마련할 준비까지 마친 뒤 출발했다.

항해를 시작하고 10일째가 되던 날 아침, 반가운 소식이 있었다. 선원들이 날아가는 쿠아카를 발견한 것이다. 쿠아카는 남쪽으로 날아갔다가 하와이키로 되돌아오는 새라서 남쪽 어딘가에 새들이 머무르는 땅이 있다는 증거가 되었다. 모두 그 땅이 가까이 있기를 간절히 빌었다.

12일째가 되던 날, 쿠페는 바다 위 하늘에 흰 구름이 높고 길게 떠 있는 것을 보았다. 구름의 아랫부분은 갈색빛을 머금고 있었다. 아래에 높은 산이 있는 넓은 땅이 있다는 의미였다. 쿠페는 새로 찾아낸 땅을 흰 구름이 길게 뻗은 땅이란 뜻으로 아오테아로아(Aotearoa)라고 불렀다. 쿠페와 선원들은 감사의 노래를 불렀다.

바다 가운데 새 땅을 허락한 모두의 어머니 파파투아누쿠에게 감사를! 잔잔한 바다와 물고기를 허락한 바다와 물고기의 아버지 탕가로아에게 감사를! 약속한 바람으로 우리를 인도한 폭풍과 바람의 아버지 타위리마테아에게 감사를! 우리에게 형제자매와 지혜를 허락한 전쟁의 아버지 투마타우엔가에게 감사를! 새 땅에 새 생명을 허락한 숲과 새의 아버지 타네마후타에게 감사를!

아오테아로아 곳곳에는 울창한 숲과 그 숲을 가로지르는 커다란 강들이 있었다. 숲은 다양한 생물들로 가득했다. 사람의 흔적은 찾을 수 없었다. 아오테아로아가 대대로 전해 내려온 꿈의 땅이자 약속의 땅이 틀림없다는 확신을 갖고, 쿠페 일행은 고향으로 돌아갔다.

🍁 땅과 강의 보호자이며 친구인 마오리

쿠페는 하와이키로 무사히 돌아왔어요. 안정적인 항로가 확보되자 하와이키의 사람들은 아오테아로아로 이주하기 시작했어요. 이들이 바로 마오리 선주민들입니다. 황거누이강은 섬의 중앙에서 발원해 서남쪽을 가로질러 흐르는, 아오테아로아에서 세 번째로 긴 강으로 마오리들이 카누를 타고 바다에서 내륙까지 이동할 수 있는 길이 되어 주었어요.

황거누이강과 강을 둘러싼 숲은 마오리에게 필요한 모든 걸 주었어요. 숲에서 열매, 씨앗, 버섯 등을 채취하고 모아새 같은 조류를 사냥하고 강에서 물고기를 잡아 올리고 조개를 채집했지요. 하와이키에서 가져온 고구마, 토란을 재배하고 닭과 돼지를 키우는 것도 강 주변에 비옥한 땅이 있어 가능했어요.

사람들은 강 주변으로 나뉘는 지류를 따라 이위를 이루어 살았고 마을이 커지면 또 새로운 마을을 개척했어요. 이위마다 자신들의 영역이 있어, 지도에 표시하거나 문서가 존재하지 않아도 서로의 경계를 엄연히 지켰습니다. 이를 가능케 한 근원은 마나(Mana, 무형의 힘)였어요. 마나는 우리말로 명예, 지위, 자부심으로 번역할 수 있어요. 마오리에게 마나는 태어날 때 주어지는, 삶의 과정에 따라 커지기도 하고 작아지기도 하는 힘이에요. 그런데 이 마나는 사람을 넘어 동식물과 사물들도 가지는, 즉 세상 모든 존재가 가진 힘입니다. 마오리에게 마나는 내가 다른 존재를 존중하는 근거이자, 나도 그들에게 존중받기 위한 근거라고 할 수 있어요. 때문에 마나를 가진 숲, 강, 땅을 존중하고 자연을 존중하는 일은 마오리에게 너무나 당연했어요.

황거누이 이위에게 강은 단순히 먹고사는 데 도움을 주는 강이 아니라 오늘의 자신들을 있게 한 존재입니다. 그래서 스스로를 '강의 사람들'이라고 불러 왔어요. 강이 가진 마나를 존중하고 강의 마나가 훼손되지 않도록 지켜야 하며, 이는 곧 자신의 마나를 지키는 일이지요. 강은 마오리에게 삶의 터전이자, 이들의 형제자매이고, 이들의 조상과 마찬가지인 것입니다.

1642년 네덜란드인 탐험가 아벌 타스만이 아오테아로아에 도착해 자기 고향 지명을 가져다 뉴질랜드(New Zealand, 새로운 제일란트)라고 이름 붙였고, 1796년 영국의 탐험가 제임스 쿡이 뉴질랜드를 속속들이 탐사한 뒤로 많은 사람이 영국과 유럽에서 건너왔어요. 풍요로운 삶을 기대하고 온 유럽인들은 싼값에 땅을 사길 원했고, 마오리는 땅을 지키길 원했지요. 사실 마오리에게는 땅을 소유하거나 사고파는 개념 자체가 없었어요. 땅은 누리고, 연결되고, 책임져야 할 대상이었으니까요. 땅에 대한 양쪽의 생각이 다르니 유럽인과 마오리 사이에 거래가 제대로 이루어지기 어려웠어요.

한편 유럽인과 먼저 접촉한 이위들이 새로운 문명을 받아들이고 머스킷(장총)으로 무장하면서, 이위들 사이의 갈등이 내전으로 번지기 시작했어요. 자그마치 20여 년 동안 머스킷 전쟁이 벌어졌고 많은 마오리가 사망했지요. 내전의 결과는 참혹했고, 더 이상 마나를 바탕으로 지켜 오던 전통적인 방식으로는 문제를 해결할 수가 없었어요. 이위들 사이의 갈등을 해결하고, 마오리와 파케하(유럽 정착민) 사이에 질서를 부여할 정부와 제도가 필요해진 것이지요. 뉴질랜드를 식민지로 삼길 원했던 영국 정부는 이 기회를 놓치지 않았고, 500여 명이 넘는 마오리 추장들은 영국 왕실이 통치권을 갖는다는 와이탕이 조약에 서명하게 되었습니다. 지금의 뉴질랜드 정부는 이 조약 위에서 출발한 거예요.

와이탕이 조약을 근거로 많은 땅을 영국 왕실이 소유했고, 나머지는 파케하와 마오리 개개인이 소유하게 되었어요. 마오리 이위가 땅과 연결되어 공동으로 소유하고 책임지는, '마나를 가진 땅'은 이제 뉴질랜드 전체의 6퍼센트밖에 안 돼요. 하지만 마오리에게 땅은 예나 지금이나 여전히 마나를 지닌 존재입니다.

강도 마찬가지예요. 카누가 다니던 강에 증기선이 다니게 되자 뉴질랜드 정부는 마오리가 전통 방식으로 강에 만든 뱀장어 둑을 다 없애 버렸어요. 강 주변이 개발되면서 토사가 유입되어 강바닥이 얕아지자,

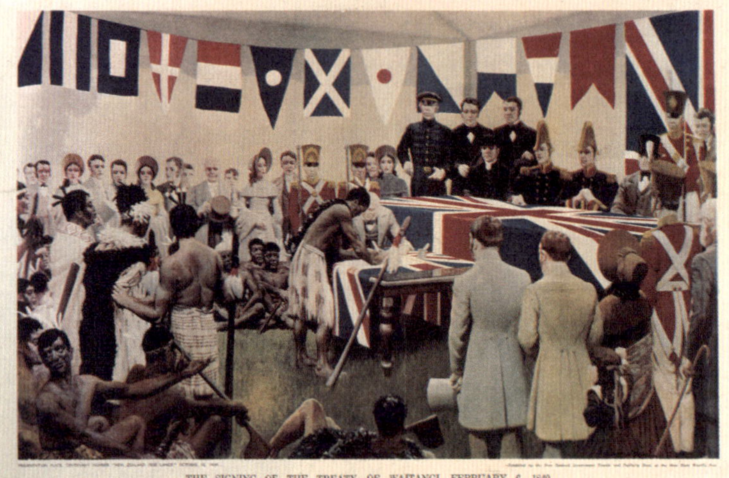

THE SIGNING OF THE TREATY OF WAITANGI, FEBRUARY 6, 1840.

위 마르커스 킹이 1940년 와이탕이 조약 100주년을 기념해 서명 당시 장면을 그린 역사 재현화.

아래 와이탕이 조약 문서.

증기선의 원활한 통행을 위해 강바닥의 모래와 자갈도 채굴했지요. 수력 발전 시설도 만들었고요. 이 때문에 강 생태계가 파괴되자 황거누이 이위는 강의 귀중한 권리를 정부가 빼앗았다고 항의했어요. 정부로서는 강은 공공재니까 발전소를 세우고 바닥을 파고 댐을 만들거나 관광 자원으로 개발하는 게 당연하다는 입장이었고요.

그러나 마오리족은 땅, 숲, 강의 권리를 지키고 자연과의 관계를 회복하기 위해 와이탕이 조약을 근거로 정부와 맞서 싸우기 시작했어요. 그게 가능했던 이유는 와이탕이 조약이 영어와 마오리어 두 가지로 작성되었고, 둘 사이에는 내용에 차이가 있었기 때문입니다. 1, 2조만 봐도 내용이 다름을 알 수 있어요.

마오리어 조약문

1조. 마오리는 여왕에게 아오테아로아/뉴질랜드에 총독을 둘 권리를 준다.

2조. 여왕은 마오리가 독립을 유지하며 마오리가 그들의 땅 및 그들에게 귀중한 모든 것에 대한 통제권을 유지하는 데에 동의한다. 마오리가 땅을 팔고 싶을 경우 그 땅을 구매할 수 있는 권리를 여왕에게 준다.

영어 조약문

1조. 마오리는 여왕에게 아오테아로아/뉴질랜드 전체에 대한 통치권을 준다.

2조. 여왕은 땅, 숲과 어업에 해당하는 모든 마오리의 권리를 보장한다. 마오리가 땅을 팔고 싶을 경우 그 땅은 오직 여왕에게만 팔 수 있다.

마오리 추장들은 마오리어 조약문에 서명했기에 국제법상 마오리어 조약문이 더 큰 효력을 발휘합니다. 이를 근거로 마오리는 긴 법정 싸움과 끈질긴 청원을 계속 이어갔고, 결국 뉴질랜드 정부는 와이탕이 재판소를 세워 마오리족의 요청을 판단하기 시작했습니다.

1999년 와이탕이 재판소는 역사적, 법적, 문화적 관점에서 와이탕이 조약 이후로 150여 년 동안 지속된 황거누이 이위의 주장과 요구를 정리해 400쪽에 달하는 '황거누이강 종합 보고서'를 내놓았어요. 그리고 정부와 황거누이 이위가 협상을 통해 마오리가 강과 맺어 온 전통적 관계를 회복할 것을 제안했어요. 이 보고서에 기초해 협상이 시작되어 2014년 '황거누이 이위 정착지 권리에 대한 합의서'가 완성되었고, 2017년 '황거누이 합의법'이 의회를 통과한 것입니다.

처음 아오테아로아에 도착했을 때도, 유럽인들이 건너와 아오테아로아가 뉴질랜드로 이름이 바뀌었을 때도, 마오리 선주민들에게 황거누이강은 오늘의 자신들을 있게 하고 내일의 자신들을 살게 하는 존재였습니다. 그래서 그 강을 누군가 마음대로 이용할 때는 물론이고 심지어 보존하기 위해 무언가를 한다고 해도, 강한테 먼저 그래도 되냐고 물어보고 허락을 구해야 한다고 생각해 왔습니다. 이를 위해 긴 싸움을 했고, 결국 강의 권리를 되찾은 거예요.

🍁 나는 강이고 강은 나다

앞에서 우리는 합의법 제13조의 '나는 강이고 강은 나다.', '테 아와 투푸아는 많은 요소와 공동체로 구성된 단일 존재다.'라는 문장을 읽었어요. 마오리가 어떤 의미로 이 조항을 법에 명시했는지 알 것 같나요? 법 조항을 다시 읽어 봅시다.

(a) 강은 영적, 육체적 생계의 원천이다. 테 아와 투푸아는 황거누이강의 생명과 자원, 그리고 이위와 하푸 및 다른 지역 사회 공동체의 건강과 복지를 뒷받침하고 지속시키는 영적, 물리적 실체다.

(b) 위대한 강은 산에서 바다로 흐른다. 테 아와 투푸아는 산에서 바다까지 분리될 수 없는 살아 있는 전체로, 황거누이강과 그 모든 물리적, 형이상학적 요소를 통합한 것이다.

'테 아와 투푸아'라고 한 번 되뇌어 보세요. 테 아와 투푸아가 우리가 알던 강을 넘어서는 존재로 다가오나요? 황거누이강과 테 아와 투푸아는 누가 만들거나 법이 정한 존재가 아니에요. 지구에 처음 등장해 흐르기 시작했을 때부터 주변의 다른 존재와 연결되어 있던 존재예요. 그곳에 마오리 선주민이 살기 시작한 뒤부터는 자연스럽게 그들의 삶과 연결되어 흘렀지요. 강과 마오리가 서로의 일부인 그런 존재

다큐멘터리 〈나는 강이고 강은 나다〉 트레일러 도입부. "강이 죽어 가고 있다. 선주민의 오랜 지혜는 우리 행성의 미래에 중요하다."라는 내레이션이 흐른다.

를 2017년에 이르러서야 '법'이라는 인간의 언어로 인정한 것뿐이에요. 테 아와 투푸아와 황거누이 이위의 관계는 어쩌면 우리가 잊고 있었던 아주 오래된 약속일지도 모르겠어요.

　마오리와 뉴질랜드 정부는 황거누이강 합의법뿐 아니라 원시림의 권리를 인정한 '테 우레웨라 법(2014년)'과 타라나키 화산의 권리를 인정한 '테 카후이 투푸아 법(2025년)'도 만들었어요. 마오리의 끊임없는 요구와 싸움은 여느 신대륙의 선주민에게서 보기 드문 일입니다. 자연에 법적 인격을 부여하고 권리를 인정한 뉴질랜드 정부도 어쩌면 특이하다고 여겨질 수 있어요. 하지만 생각해 보세요. 뉴질랜드의 자연이 지구 곳곳의 자연과 유달리 다를까요? 마오리가 자연을 대하는 태도가 지구 곳곳의 사람들과 유달리 다를까요? 그것이 특별한 게 아니라면, 우리도 자연의 보호자이자 친구가 될 수 있지 않을까요?

4.

꿀벌에게 시민권을 주면 어떻게 될까?

🍁 꿀벌에게 시민권을 준다고?

허니 야, 꿀벌한테 시민권 준다는 게 말이 되나? 그럼 이제 개미나 모기도 시민권 받겠네? 이제 모기한테 물려도 뭐라 못 하는 거야?

비니 모기는 좀 아니긴 한데, 꿀벌이라면 뭐 그럴 수 있지. 꿀벌 없으면 농사 다 망하잖아. 너 몰라? 꿀벌한테 시민권 줬더니 꽃도 더 잘 피고, 농사도 잘되고 있대.

허니 그래도 꿀벌보다 사람이 먼저지. 난 진짜 납득 안 돼.

비니 그게 그렇게 단순한 건 아니더라. 그냥 꿀벌만 챙기자는 게 아니라 꿀벌처럼 꽃가루를 옮기는 곤충, 새, 박쥐 같은 애들도 보호하자는 거래. 이 삭막한 도시 안에 걔네가 살 수 있는 환경을 만들어 주는 거지. 그러면 사람들도 더 책임감 느끼고, 자연스럽게 환경 교육도 되고.

허니 그러면 벌집을 맘대로 못 없앤다니까? 우리 집 근처에 수시로 벌집 생기고 내 동생은 벌 알레르기 있는데 어떡하라고.

비니 그런 건 해결책이 있어야겠다. 근데 너도 들었지? 꿀벌 시민권 덕분에 도시 이미지 좋아져서 관광객도 늘었대. 덕분에 우리 동네 잘살게 되면 좋지.

허니 모르는 소리 하지 마. 꿀벌 때문에 산업 단지 개발도 늦어지고, 생태계 평가 때문에 돈 되는 프로젝트가 몇 달 아니 몇 년씩 밀린다는데? 살충제도 못 써서 작물 생산량도 줄고, 농업 계획도 바꿔야 한대. 꿀벌 보호한다고 규제가 너무 엄격해지는 건 아니라고 봐.

비니 그래, 네 말도 틀리지 않아. 근데 난 꿀벌 시민권이 왠지 색다르고 멋있어 보여. 인간만 잘살자는 게 아니라 꿀벌 입장에서 세상을 보는 관점이잖아. 꿀벌 줄어드는 거 어렸을 때부터 걱정했거든. 꿀벌도 지키면서 인간의 불편함도 줄이려면 앞으로 어떻게 해야 할까?

꿀벌은 지구 생명체들에게 없어서는 안 될 존재입니다. 약 만 년 전에 그려졌다는 아라냐 동굴 벽화에 꿀을 채집하는 그림이 있고, 이집트 벽화에 양봉하는 장면이 있을 정도로 인간에게 꿀벌은 오래전부터 친숙한 존재지요. 꿀벌로부터 꿀과 밀랍, 프로폴리스, 로열 젤리 등을 얻지만, 꿀벌의 가장 중요한 역할은 수분이에요. 수분이란 수술의 꽃가루가 암술머리에 붙는 과정으로, 수분이 이루어져야 씨앗과 열매가 생기지요. 물과 바람에 의해서도 꽃가루가 옮겨지지만 곤충, 그중에서도 꿀벌이 단연 그 역할을 크게 하고 있어요.

꿀벌은 이 꽃에서 저 꽃으로 날아다니면서 꽃가루를 암술머리로 옮겨 줍니다. 국제식량농업기구FAO는 전 세계 100대 주요 작물 중 71개 작물이 야생 벌과 꿀벌의 수분에 의존하고 있다고 밝혔어요. 꿀벌이 꽃가루를 옮겨 주는 활동은 씨앗과 열매, 그 씨앗을 먹는 초식 동물, 초식 동물을 먹는 육식 동물, 더 나아가 미생물과 인간 모두에게 영향을 미치고 있습니다. 어쩌면 우리를 둘러싼 세계가 꿀벌들 덕분에 만들어지고 존재한다고 해도 과언이 아니랍니다. '꿀벌이 멸종하면 인류도 4년 안에 사라진다.'라고 경고하는 말까지 있듯이 꿀벌은 인류에게 아주 소중한 존재인 것이지요.

🍁 꿀벌이 사라지고 있는 이유는?

건강한 꿀벌의 애벌레는 반짝이는 흰 젤리처럼 보여서 건강한 벌집은 젤리가 꽉 차 있는 것처럼 느껴져요. 하지만 낭충봉아부패병에 걸린 벌집은 병들어 윤기가 없고 투명하거나 노란색, 갈색, 검은색으로 변한 애벌레들 때문에 얼룩덜룩해요. 이런 애벌레는 입을 벌린 채 굳어 있거나, 가죽처럼 말라붙어 마치 미라처럼 보여요. 쪼그라든 애벌레는 바깥 껍데기가 단단하게 굳어 결국 번데기가 되지 못하고 죽어요. 게다가 최근 들어 꿀과 꽃가루를 모으러 나간 일벌 무리가 무슨 이유에서인지 돌아오지 않는 일이 많아, 벌집에 남은 여왕벌과 애벌레가 떼 지어 죽는 일도 빈번합니다.

이처럼 지난 20~30여 년간 꿀벌의 개체 수는 가파르게 줄었어요.

위 자유롭게 꽃을 오가는 꿀벌들.　　**아래** 낭충봉아부패병에 걸린 벌집.

가장 큰 이유는 도시가 개발되고 고기와 양모를 얻기 위해 소나 양을 대규모로 키우면서 숲이 사라졌기 때문입니다. 꿀벌들의 서식지가 줄어든 거예요. 꿀벌이 식물에서 먹이를 찾고 번식에 필요한 자원을 확보하려면 다양한 서식지가 필요합니다. 생태계가 파괴되면 식물의 종류도 줄어들고, 꿀벌이 모을 수 있는 꽃가루 종류도 줄어듭니다. 꿀벌이 살아가는 환경이 척박해지면 이들이 꽃의 수분을 돕는 게 어려워지고, 그러면 다시 식물 종류가 줄어드는 악순환이 일어나지요.

농작물을 보호하기 위해 사용되는 농약도 꿀벌에게 해로울 수 있어요. 특정 살충제의 경우 꿀벌에게 매우 치명적이기도 해요. 살충제는 대개 곤충의 신경계를 마비시키는데, 그러면 꿀벌은 방향 감각을 잃어 벌집으로 돌아오지 못하거나 죽어 버리게 되지요.

기후 변화도 벌들의 개체 감소에 영향을 주는 원인으로 지목됩니다. 지구 온난화로 인한 이상 기후로 갑자기 기온이 내려가거나 비가 많이 쏟아지면, 외부 온도에 따라 몸의 온도가 변하는 변온 동물인 꿀벌은 이에 적응하지 못해 쉽게 죽을 수 있어요. 폭염, 폭우, 폭풍 등의 자연재해는 벌집을 망가뜨리고 군집을 이루어 사는 꿀벌의 서식지를 파괴하지요. 최근 들어 우리나라는 기후 변화로 봄이 짧아져, 개나리나 벚꽃이 언제 피었는지도 모르게 빨리 피고 또 빨리 져 버리고 있어요. 꽃들이 피고 지는 시기가 짧아지면 꿀벌이 꿀을 모을 수 있는 기간도 그만큼 짧아져서 꿀벌의 생존에 큰 영향을 끼칩니다.

🍁 달콤한 도시 쿠리다바트 이야기

꿀벌이 사라지는 것을 막기 위해 독특하게도 꿀벌에게 시민권을 부여한 나라가 있는데, 바로 코스타리카입니다. 코스타리카의 쿠리다바트는 환경 보호와 지속 가능한 발전을 위해 적극적으로 노력하는 도시로 유명해요. 2016년에 쿠리다바트는 '시우다드 둘세 프로젝트Ciudad Dulce Project'를 통해 꿀벌에게 시민권을 부여했어요. 시우다드 둘세는 스페인어로 '달콤한 도시'라는 뜻이에요. 영어로는 '시티 오브 비(City of Bee, 꿀벌 도시)'라고 하지요.

이 프로젝트는 자연과 조화를 이루는 도시를 만들어서 미래에도 사람들이 자연과 공생하며 살아가는 걸 목표로 하고 있어요. 쿠리다바트는 꿀벌뿐 아니라 새, 나비, 박쥐처럼 꽃가루를 암술머리로 수분하는 생물들을 보호하기 위해 도시 전체를 변화시키기 시작했습니다. 쿠리다바트의 숲에 가면 삼각형 모양의 지붕이 있는 작은 나무집을 많이 볼 수 있어요. 새집 같지는 않은데 사람이 살만한 공간은 또 아니거든요. 이 구조물은 무엇일까요? 바로 꿀벌 호텔입니다. 꿀벌 호텔은 비와 햇빛으로부터 꿀벌들을 보호하고, 내부를 나무 조각과 구멍 난 통나무, 대나무 막대 같은 재료로 채워 작은 틈 안에 꿀벌이 알을 낳을 수 있도록 설계되었어요.

꿀벌 호텔은 주로 야생 꿀벌, 특히 군집을 이루지 않는 독립적인 종들이 도시에서 서식지를 늘리고 식물의 수분을 돕도록 고안되었지

코스타리카 쿠리다바트의 꿀벌 호텔이자 수분을 돕는 쉼터.

요. 꿀벌 호텔 옆에는 '호텔 드 아베자스 에스타시온 폴리니자도라 (HOTEL DE ABEJAS ESTACIÓN POLINIZADORA, 꿀벌 호텔이자 수분을 돕는 쉼터)'라는 스페인어 표지판이 있어요. 이 작은 호텔이 꿀벌뿐 아니라 수분을 돕는 새, 나비, 박쥐들을 위한 장소라는 걸 알려 주지요. 실제로 쿠리다바트는 꿀벌 말고도 새, 나비, 박쥐 등 수분을 돕는 생물들에게 시민권을 부여했어요. 심지어 이 생물들이 서식하는 나무들과 토착 식물들에게도 시민권을 부여했지요.

시민권을 주는 일은 꿀벌, 새, 나비, 박쥐, 식물들을 단순히 보호해야 할 대상으로 여기는 걸 넘어, 이들을 도시의 중요한 구성원으로 여기는 철학을 바탕에 깔고 있어요. 시민권을 줌으로써 수분을 돕는 생물들의 서식지를 보호하고, 도시 생태계의 회복을 촉진하며, 도시 개발과 환경 보호 사이의 균형을 맞추고자 노력하는 것이지요. 숲은 물론 도시의 공원이나 정원, 도로변 등에 이들 비인간 시민들이 살 수 있고 쉴 수 있는 생태적인 공간을 마련하는 건 기본이에요. 유기농 농업을 장려해 농약 사용을 최소화하고, 특히 꿀벌에게 해로운 농약을 사용하는 것을 엄격히 제한하고 있답니다.

🍁 퍼져 나가는 달콤한 도시들

쿠리다바트의 공원 한쪽에서는 늘 어린이와 청소년들이 모여 활기

찬 모습으로 꿀벌 교육 활동에 참여하고 있어요. 공원 한가운데 꿀벌 모양의 대형 풍선을 설치하고 "꿀벌은 우리의 친구!"라는 글귀가 적힌 포스터, 꿀벌의 생태와 역할을 소개하는 자료를 공유합니다. '꿀벌 퀴즈 대회'가 열리거나 직접 벌집 모형이나 꿀벌 호텔을 만들어 전시하기도 해요. 학교, 커뮤니티 센터, 공공장소에서 다양한 프로그램과 행사를 열어서 지역 사회 전체가 자발적으로 참여하고 실천하도록 이끌고 있지요.

쿠리다바트는 평범했던 도시를 꿀벌 같은 비인간 시민들과 함께하는 도시로 새롭게 재구성했습니다. 건축물과 공공 공간을 꿀벌, 새, 나비, 박쥐처럼 수분을 돕는 생물들이 살기에 적합하게 디자인하고, 건물 옥상이나 거리에 녹지를 만들고 이 녹지들이 서로 연결되도록 생태 통로를 세심하게 설계했어요.

2018년까지 12년 동안 쿠리다바트 시장을 지낸 에드가 모라는 "수분 매개자들은 대가를 요구하지 않는 자연계의 컨설턴트이며, 최고의 번식자다. 그들과의 관계를 살리려 모든 거리를 생태 통로로, 모든 이웃을 생태계의 구성원으로 전환하기 위해 수분 매개자들을 시민으로 인정할 필요가 있었다."라고 말합니다. 이 변화를 통해 쿠리다바트의 푸르른 숲이나 공원은 인간만을 위한 공간이 아니라 토종 생물들과 함께 누리는 안식처이자 도시의 자유로운 생태 통로가 되었습니다.

코스타리카의 수도 산호세는 쿠리다바트의 영향을 받아 2019년 꿀벌에게 시민권을 부여했습니다. 꿀벌 보호 정책을 강화하고 꿀벌을 도시의 중요한 구성원으로 인정하는 다양한 환경 보호 조치도 함께 도입했지요.

꿀벌에게 시민권을 부여하지는 않았지만, 네덜란드 위트레흐트시는 버스 정류장 지붕을 '그린 루프(꽃과 풀을 심은 지붕)'로 바꾸어 꿀벌과 다른 곤충들의 서식지로 활용하고 있어요. 버스 정류장은 시민들이 늘 이용하는 곳이라서 시민들이 기꺼이 불편을 감수하겠다고 동의할 때만 이런 정책을 시행할 수 있어요. 위트레흐트 시민들은 꿀벌을 자신들과 함께 살아가는 존재로 받아들인 거예요.

스위스의 취리히도 꿀벌 보호를 위한 다양한 프로젝트를 진행하고 있지요. 취리히는 건물 옥상에 벌집을 설치하고 벌집 사이에 최소 거리를 설정하는 등 도시 안에 꿀벌 서식지를 넓히고 있어요. 또 야생벌 서식지를 보호 구역으로 지정하고 꽃가루 자원을 모니터링하며 도시 양봉과 꿀벌 보호를 위한 법적 조치를 강화하고 있어요.

🍁 달콤한 도시의 아주 특별한 비인간 시민들

그런데 이상하지 않나요? 사라져 가는 꿀벌을 잘 보호하기만 하면 되지 왜 굳이 꿀벌에게 '시민권'까지 주는지 말이에요. 시민권이란 무엇일까요? 지역 사회의 구성원으로서 당연히 가지는, 안전하고 자유롭게 살고 여러 위험에서 보호받을 권리지요. 그런데 도시든 시골이

위 꿀벌 호텔을 만드는 가족.　　**아래** 꿀벌 호텔을 찾아온 야생 벌.

든 모든 지역 사회 안에는 인간뿐 아니라 다양한 비인간 존재들이 함께 살아가고 있어요. 이 비인간 존재들이 시민권을 가지면 어떻게 될까요?

지금까지 자연의 권리는 주로 인간의 재산권과 법적 해석에 따라 간접적으로 인정됐어요. 예를 들어 어떤 자연환경이 손상되었을 때 그 피해에 대한 보상은 자연 자체가 아니라 피해를 본 인간에게 돌아갔지요. 이 과정에서 자연은 부차적인 대상으로 여겨졌어요. 하지만 쿠리다바트는 꿀벌에게도 시민권을 부여해, 인간의 입장에서만 따지던 권리를 자연의 입장에서도 생각하게 만들었어요. 꿀벌에게도 지역 사회의 구성원으로서 안전하고 자유롭게 살아갈 권리, 여러 위험에서 보호받을 권리가 있다고 본 거예요.

시민권을 가진 꿀벌은 법적 권리를 가진 주체이자 사회의 일부가 됩니다. 인간 시민들은 단순히 인간의 이익을 위해서가 아니라, 함께 살아가는 구성원의 권리를 존중하기 위해 꿀벌을 보호하게 되지요. 더 나아가 꿀벌이 건강하게 번성할 권리를 존중하기 위해 무엇을 해야 하는지 적극적으로 고민하게 됩니다.

코스타리카는 중앙아메리카의 작고 넉넉지 않은 나라지만, 1997년부터 생태계 서비스 지불 제도Payment for Ecosystem Services, PES를 도입했어요. 이 제도는 숲, 습지, 산, 강 등 생태계가 제공하는 다양한 서비스에 경제적 가치를 부여해 그 지역의 자연 보전 활동을 지원하는 정책이에요. 쉽게 말해 깨끗한 물을 주는 강이나 탄소를 흡수하는 숲, 아름다운 경치로 관광 자원이 되는 산을 지역 주민들이 잘 보호하면, 국가가 이에 대한 경제적 보상을 해 주어서 자연을 더 잘 보존하도록 장려하는 제도입니다.

이 제도는 자연의 가치를 인정하고 이를 국가 차원에서 법적, 정책적으로 지키려 한다는 점에서 큰 의미가 있어요. 자연의 권리를 인정하고 보호하려는 움직임과도 맞닿아 있지요. 자연을 단순히 쓸모 있는 자원이 아니라 지켜야 할 고유한 가치를 가진 존재로 바라보기 때문이에요. 이런 태도 덕분에 코스타리카 시민들은 꿀벌과 새, 나비, 박쥐, 나무들과 토착 식물들을 자연스럽게 비인간 시민으로 받아들일 수 있었습니다.

🍁 다른 시선으로 지구를 바라볼 시간

자연의 권리를 인정하는 것은 자연에 대한 인간의 책임을 다시 정의하고 자연물 자체를 보호하는 새로운 시각이에요. 기존의 환경 보호 관점과는 본질적인 차이가 있지요. 꿀벌이 사라지는 문제로 비교해 볼까요? 지금까지는 꿀벌이 줄어들면 수분 작용이 감소해서 농작물 생산에 큰 영향을 미치고, 결국엔 식량 부족을 초래해 인간을 위협할 수 있으니 꿀벌을 보호해야 한다고 설명해 왔어요. 하지만 자연의 권리라는 관점에서는 지구 생태계에서 꿀벌이 수행하는 역할과 그들이 지닌 권리를 존중하고 지켜 주기 위해 꿀벌을 보호해야 한다고 설명해요.

관점의 차이는 세상을 어떻게 바꿀까요? 기존의 환경 보호 관점은 여전히 인간을 중심에 놓고 자연을 도구로 바라보지만, 자연의 권리를 지키려는 관점은 자연 자체의 권리와 가치를 존중하려고 해요. 꿀벌을 인간을 위해 존재하는 곤충이 아니라 인간과 동등한 권리를 가진 존재로, 지구에서 함께 살아가는 비인간 시민으로 인정하는 것이지요. 그렇게 되면 사회의 모든 의사 결정 과정에서 꿀벌과 같은 존재들의 권리를, 즉 자연의 권리를 침해하지 않을 방법을 적극적으로 고려할 거예요.

이제는 자연을 단순히 자원이나 인간의 소유물이 아닌, 독립적이고 법적 권리를 가진 존재로 인식할 때입니다. 이러한 인식 변화야말로 지속 가능한 지구에서 인간과 자연이 조화롭게 공생하기 위해 꼭 필요한 생각의 전환이 아닐까요?

5.

안마도의 사슴은 자유로울까?

🍁 푸른 바다 작은 섬에 사슴이 천 마리?

전라남도 영광군에는 작은 섬이 있어요. 생김새가 말 안장과 닮아 이름이 안마도예요. 아름다운 풍경과 낚시로 유명했지만, 언젠가부터 '사슴'으로 더 유명해졌어요. 주민이 200여 명밖에 안 되는 작은 섬인데 꽃사슴과 엘드사슴이 무려 1000여 마리나 있기 때문이지요.

1980년대에 안마도 바로 옆 죽도로 사슴 30여 마리가 들어왔어요. 몸에 좋다는 녹용(한약 재료로 사용되는 사슴의 새로 돋은 연한 뿔)을 얻으려 길렀지만, 수익이 높지 않고 관리가 어려워지자 사슴들을 그냥 방치하기 시작했어요. 사람들에게서 벗어나 자유로워진 사슴들은 수십 년이 지나는 사이에 개체 수가 어마어마하게 급증했어요. 사슴들은 수영도 잘해서 가까운 주변의 섬들로 이동하기도 했어요.

초식 동물인 사슴은 풀, 나뭇잎, 열매, 나무껍질 등을 닥치는 대로 먹었고 농작물도 먹어 치웠어요. 주민들이 3미터 높이의 그물망을 설치했지만 날쌘 사슴들이 훌쩍 뛰어넘었지요. 섬에 울창하던 꾸지뽕나무가 거의 고사할 정도로 숲이 망가지기 시작했어요. 사슴은 순한 생김새와 달리 꽤 크고 거친 울음소리를 내는데, 야행성이라 밤마다 이어지는 소리에 주민들은 밤잠을 설쳤습니다. 연이와 라미의 대화를 들어 볼까요?

연이 난 사슴들이 너무 불쌍해. 자유롭게 섬을 돌아다니는 것 같지만, 사실은 살 데도 없고 먹을 것도 부족하니까 사람 사는 곳으로 가까이 오는 거잖아.

라미 사슴이 불쌍하다고? 난 섬 주민들이 훨씬 더 불쌍해. 사슴 때문에 농사도 다 망치고 괴상한 울음소리에 밤이면 밤마다 잠도 제대로 못 자고. 네가 진짜 사슴 울음소리 안 들어 봐서 그래. 빨리 사슴 수를 조절하는 게 답이야.

연이 수가 많아서 문제니 없애자고? 그렇게 따지면 인구 밀도가 높은 지역의 문제를 사람 없애서 해결하자는 거랑 뭐가 달라.

라미 물론 생명은 다 소중하지. 그렇지만 주민들 피해가 너무 크잖아. 사슴 숫자만 좀 줄이면 문제가 쉽게 해결되니까 개체 수 조질이 최신 아닐까? 제일 현실적이잖아.

연이 솔직히 사슴 좀 방치했다고 숫자가 이렇게 많아질 줄 아무도 몰랐잖아. 이번에도 아무 생각 없이 막 줄이면 또 무슨 문제가 생길지 모른다고.

라미 그럼 아무것도 하지 말자는 거야? 사슴들도 지금 상태로는 힘들 걸. 개체 수만 조절하면 사람도 사슴도 다 편해지는데 안 할 이유가 없잖아?

연이 그렇게 쉬운 문제면 벌써 해결됐겠지. 생태계가 그렇게 단순하게 작동하지 않으니까 더 고민해야 할 것 같아. 그물망만 해도 효과 없다고 하지 말고 그물망 근처에 사슴이 싫어하는 식물을 심어 볼 수도 있잖아. 조금 시간이 걸리더라도 사슴이 자연스럽게 줄어들 방법을 찾아야 하지 않을까?

라미 그런 풀 좀 심는다고 사슴이 저절로 줄어들까? 난 아무리 생각해도 사슴보다 사람이 더 중요한 거 같아.

안마도의 사슴 문제는 동물과 인간의 갈등이라기보다 법과 제도의 빈틈이 만든 문제라고 볼 수 있어요. 근본적인 원인은 사람들이 섬에 사슴을 들여온 데 있지만, 그 후 제대로 된 관리나 대책 없이 사슴들이 방치되었고 그 결과 생태계의 균형이 깨졌으니까요. 주민들의 지속적인 요구로 최근 국민권익위원회, 농림축산식품부, 환경부가 협력해 사슴을 포획하는 등 개체 수를 줄이는 방안을 검토하고 있어요. 재발 방지를 위한 법령 개정도 추진하고 있고요. 그런데 그다음엔 어떻게 될까요? 포획된 사슴은 어디로 가야 할까요? 사슴이 사라지면 안마도의 숲은 다시 어떻게 변하게 될까요?

국민권익위원회가 '집단 민원 해결을 통한 사회 갈등 예방' 사업으로 진행하는
'안마도, 사슴과의 40년 전쟁 끝!' 캠페인.

🍁 안마도의 사슴은 가축일까, 야생 동물일까?

사슴은 보통 야생 동물로 분류되지만 인간이 사육하는 경우 '특수 가축'으로 분류돼요. 그렇다면 지금 방치된 안마도의 사슴은 가축일까요, 야생 동물일까요?

우리는 동물을 반려동물, 가축, 야생 동물로 구분해요. 반려동물은 사람과 함께 살아가며 가족의 일원으로 사랑받아요. 동물보호법으로 학대나 유기를 금지하고 있고요. 하지만 법과 달리 현실에서는 충분히 보호받지 못하는 경우가 많아요. 개나 고양이와 달리 햄스터나 파충류 같은 동물들은 상대적으로 보호의 사각지대에 놓여 있지요.

가축은 닭, 돼지, 소처럼 인간의 식량 자원으로 키워지는, 축산법에 따라 관리되는 동물이에요. 보호 대신 경제적 가치를 따져요. 그래서 수천 마리의 동물이 좁은 공간에 갇혀 고통스럽게 사육되고 있어요. 최근에 동물 복지 제도가 도입되었지만 여전히 공장식 축산, 배설물 등으로 인한 문제가 많아요.

반려동물이나 가축이 아닌 야생 동물은 어떨까요? 야생 동물은 멸종 위기에 처해야만 법적으로 보호 대상이 돼요. 도로나 도시 개발로 서식지를 잃은 멧돼지나 고라니는 유해 야생 동물로 지정해 포획하며 개체 수를 조절하지요.

그런데 인간에게 해를 끼친다는 이유로 동물을 제거하는 게 과연 옳은 일일까요? 그 판단은 누가 어떤 기준으로 할까요? 최근에는 동물의

인간의 필요와 선택에 따라 나뉘는 반려견과 유기견.

권리를 인정하자는 움직임이 커지고 있어요. 그런데 모든 동물이 아니라 왜 특정 동물에게만 권리가 주어지는 걸까요? 동물의 권리는 동물이 동물답게 살아갈 권리예요. 동물을 반려동물, 가축, 야생 동물로 나누어 각각 다른 권리를 부여하는 건, 인간의 필요에 따라 만든 기준에 맞춰 동물을 차별하는 일이 아닐까요?

들개가 된 유기견 이야기를 들어 보았을 거예요. 인간이 책임지지 못하고 버린 반려동물들은 거친 생존 본능만 남은 채 농작물을 망치거나 다른 동물들은 물론 사람까지 공격하기도 해요. 호주에서는 유기견이 무리 지어 다니며 소형 야생 동물들을 사냥해 이들을 멸종 위기로 몰아가기도 해요. 인도 해안에서는 유기견이 바다거북의 알을 먹어 치워 새끼 거북이들이 태어나기도 전에 사라지고 있어요. 유기견이 다른 동물들을 사냥하면 원래 그 동물을 먹이로 삼던 늑대나 삵 같은 야생 포식자들이 굶주리게 돼요. 게다가 바이러스에 노출된 유기견은 가축이나 사람에게 광견병 같은 질병을 옮기기도 하지요.

유기견을 인간과 반려동물 사이의 문제라고만 생각하면 이 문제를 절대로 해결할 수 없어요. 수많은 생명체가 서로 얽히고설켜 영향을 주는 생태계 전체의 문제로 이해해야 해결의 실마리가 있어요. 동물의 권리에 대해 정당하게 논의하려면 먼저 인간 중심적 사고에서 벗어나야 하고, 그다음엔 서로 연결된 자연의 흐름 속에서 동물을 바라보아야 하지요. 그 과정을 따라가 봅시다.

🍁 서로 연결된 자연의 흐름

안마도 사슴과 같은 사례는 다른 지역과 국가에도 많아요. 마라도에서는 쥐가 너무 많아지자 섬에 고양이를 데려왔어요. 하지만 시간이 흐르면서 고양이가 보호종인 쇠뿔오리를 공격하기 시작했지요. 그러자 고양이를 다시 섬 밖으로 옮기자는 이야기가 나왔어요. 이처럼 무분별한 인간의 개입은 꼬리에 꼬리를 물고 생태계 균형을 망가뜨려요. 생태계 시스템을 충분히 고려하지 않은 단기적인 해결책이기 때문입니다.

수많은 동물과 식물은 생태계 안에서 서로 영향을 주고받으며 살아가고 있어요. 그런데 인간이 자연에 개입하면 복잡한 연쇄 반응이 일어나면서 생태계 전체가 바뀌어요. 발트해는 유럽 북부에 있는 바다예요. 대구, 청어, 멸치 같은 여러 물고기의 서식지이지요. 그런데 인간이 너무 많은 대구를 잡아들이기 시작하자 예상치 못한 일들이 벌어졌어요. 발트해의 변화를 함께 살펴볼까요?

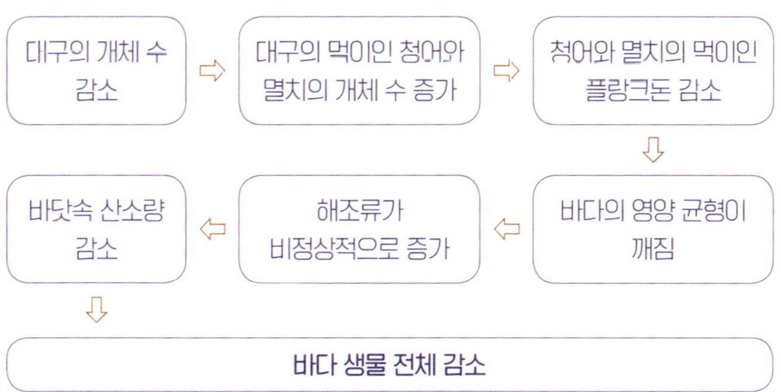

생태계는 서로 복잡하게 연결된 시스템이라서, 대구의 개체 수가 줄자 먹이 사슬 전체가 흔들리면서 예상하지 못한 변화가 줄줄이 이어졌어요. 여기서 '이제 청어와 멸치 수가 너무 많아졌으니 그걸 많이 잡자!'라는 해결책을 세우면 어떻게 될까요? 플랑크톤이 너무 많아져 또 다른 생태계 혼란이 생깁니다.

갈라파고스 제도는 바다 이구아나 같은 특이한 동물들이 많이 살아요. 하지만 신비스럽게 여겨지던 이곳도 인간의 개입으로 생태계가 완전히 바뀌어 버린 적이 있어요. 거대한 거북이인 갈라파고스 땅거북(갈라파고스 코끼리거북, 갈라파고스 자이언트거북으로도 불린다.)은 섬을 돌아다니며 풀과 나뭇잎을 뜯어 먹고, 씨앗을 퍼뜨리고, 땅을 밟아 식생을 조절하는 '생태계의 정원사' 같은 존재입니다. 그런데 19세기에 고래 사냥꾼들과 유럽 탐험가들이 갈라파고스를 방문해 수십만 마리의 거북을 사냥해 개체 수가 급격히 줄어들었지요.

거북이 없어지자 풀과 관목(잎이 무성하고 키가 작은 나무와 덤불)이 너무 많이 자라기 시작했어요. 환경이 달라지자 새들의 서식지가 망가졌고, 갈라파고스 핀치새는 먹이 부족으로 멸종 위기에 처했어요. 인간이 섬에 소와 말을 들여오면서 문제는 더 커졌습니다. 거북 대신 소와 말이 식물들을 먹기 시작했지만 풀보다는 관목잎을 더 많이 먹어 치웠고, 식물 생태계와 토양은 더 빠르게 망가졌어요. 사람들은 구아바 나무와 쥐, 개, 염소 등도 섬으로 들여왔어요. 이 외래종들은 원래 살던 생물들을 밀어내며 섬의 생태계를 또 한 번 뒤흔들었지요.

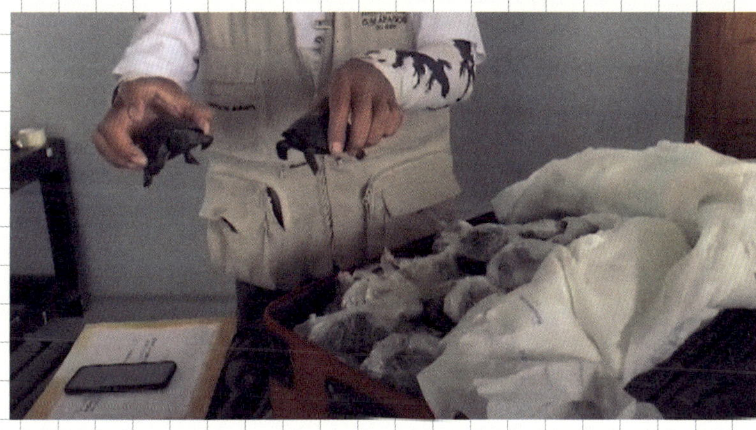

위 갈라파고스 땅거북.

아래 에콰도르 공항 직원이 밀수 업자를 적발해 새끼 땅거북을 구하는 모습. 밀렵꾼들이 땅거북을 밀반출해 암시장에서 거래한다.

섬이 점점 엉망이 되어 가자 1960년대에 과학자들은 거북을 복원해 다시 섬에 풀어 놓는 아주 길고 조심스러운 프로젝트를 시작했어요. 과거에는 자연을 '필요한 만큼 사용하면 된다.'라고 단순하게 생각했지만, 여러 뼈아픈 경험을 통해 자연의 시스템에 신중하게 개입해야 한다는 사실을 깨달았기 때문이지요. 수십 년의 노력 끝에 단 열네 마리만 남았던 갈라파고스 에스파뇰라섬의 거북은 현재 3000여 마리로 개체 수가 회복되었고, 갈라파고스 제도 전체에 약 2만 마리의 거북이 서식하게 되었습니다. 거북이 복원되자 섬의 생태계도 건강하게 회복되었어요.

이 사례에서 보듯 인간이 자연을 대할 때는 단기적인 효과가 아니라 장기적으로 생태계에 어떤 변화가 일어날지를 생각해야 해요. 하나의 문제를 해결할 때 그 해결책이 다른 부분에 어떤 영향을 줄지도 고민해야 하지요. 왜냐하면 지구는 생물이 살 곳을 제공해 주는 단순한 행성이 아니라 스스로 균형을 유지하는 거대한 시스템이기 때문입니다. 지구에 존재하는 모든 것들은 이 시스템 안에서 서로 연결되어 움직이고 변화하며 균형을 유지하고 있어요.

지구 온난화로 인한 기후 변화가 큰 문제인 만큼, 지구 온도 조절에 어떤 요소들이 어떻게 영향을 주는지 살펴보면서 지구 시스템을 이해해 볼까요?

큰 바위를 상상해 보세요. 대기 속 이산화탄소는 온실 효과로 지구 온도를 올립니다. 땅 위의 바위는 오랜 시간 비와 바람에 깎이는 풍화 작용을 겪는데, 이때 바위 속 규산염이 이산화탄소와 반응하면서 대기 중의 이산화탄소를 줄여요. 또 이 과정에서 생긴 물질이 강을 따라 바다로 흘러 들어가 이산화탄소를 품은 탄산 칼슘이 되는데, 이 탄산 칼슘은 조개껍데기처럼 생물의 몸이 되거나 석회암으로 가라앉아 오랫동안 탄소를 가두어요. 바위가 아주 천천히 지구 온도를 낮추는 역할을 하는 거예요.

사막 먼지도 지구 온도를 조절해요. 사하라 사막에서 날아온 먼지는 바람을 타고 대서양을 건너 아마존 열대 우림에 인, 철 같은 영양분을 공급해요. 그 덕에 아마존의 나무들이 잘 자라 더 많은 이산화탄소를 흡수해 지구 온도를 낮춰요. 먼지 속 미세한 입자들은 응결핵이 되어 공기 속 수증기를 끌어 모아 비를 내리게 하고요.

이처럼 우리가 사는 지구는 마치 한 몸처럼, 하나의 유기체처럼 모든 요소가 서로 연결되어 있어요. 자연은 우리가 생각하는 것보다 훨씬 더 능동적으로 스스로 환경을 조절하고, 균형을 맞춰 가고 있지요. 그러니 우리는 자연을 지배하려 하기보단 그 흐름을 이해하고 조화롭게 살아가는 방법을 찾아야 하지 않을까요?

🍁 동물들을 다시 자연으로 돌려보낸다면

그동안 인간은 기술을 이용해 환경 오염과 생태계 파괴 문제를 단번에 해결하려 했어요. 1970년대 미국의 인공 암초 프로젝트인 '오스본 리프Osborne Reef' 이야기를 해 볼게요. 프로젝트 팀은 미국 플로리다주의 포트로더데일 해변에 인공 암초를 만들기로 했어요. 침몰한 배가 물고기의 좋은 서식지가 되듯, 인간이 바다에 구조물을 설치하면 바닷속 생물 다양성이 늘어날 거라 확신한 것이지요. 그런데 놀랍게도 구조물로 선택된 것은 폐타이어였어요. 당시는 플라스틱과 미세플라스틱의 유해성이 규명되기 전이었기 때문에, 오히려 폐기물을 재활용했다고 칭찬까지 받았어요. 그렇게 200만 개의 폐타이어가 바닷속에 투하되었지만 고무 표면은 해양 생물이 붙거나 숨어 살기에 적합하지 않았어요. 시간이 지나며 타이어를 고정한 금속 클립이 부식되어 망가졌고, 타이어는 해류에 밀려다니며 산호초를 파괴하는 등 해양 생태계를 더욱 엉망으로 만들고 말았지요. 이처럼 자연을 쉽고 빠르게 되살리는 즉효약은 없어요.

그렇다면 나무를 심거나 멸종 위기 동물을 보호하는 데서 한 걸음 더 나아가 동식물이 자연 속에서 스스로 살아갈 수 있게 돕는 방법은 생태계 회복에 얼마나 도움이 될까요?

20세기 초에 미국 옐로스톤에서 늑대를 해로운 동물로 간주해 적극적으로 잡아 없애 버린 일이 있었어요. 늑대가 모두 사라지자 사슴 개체 수가 급증했고, 사슴이 뜯어 먹는 식물들이 고갈되자 새와 설치류의 서식지가 사라졌고, 그러자 비버 같은 작은 동물들이 급격히 줄어드는 등 생태계가 큰 위기를 맞았어요. 하지만 1990년대에 캐나다에서 늑대를 도입해 다시 풀어 놓자 놀라운 변화가 일어났어요. 늑대가 사슴의 개체 수를 조절하면서 숲이 회복되고 강의 흐름까지 안정되었 지요.

네덜란드의 오스트바더스플라센에서는 버려진 땅을 자연에 맡기는 재야생화 프로젝트(Rewilding, 리와일딩: 개발로 단절된 숲을 잇는 생태 통로나 호랑이, 늑대처럼 사라진 포식자를 복원하는 움직임)를 시작했어요. 원 래는 바다를 매립해 산업 지구로 개발하려다 포기한 땅이었는데 시간 이 지나며 습지로 변하자, 생태학자들이 이 지역을 보호 구역으로 지 정해 인간의 개입을 막았어요. 그러자 다양한 식물이 자라고 새가 돌 아오는 등 생태계가 스스로 회복되는 모습을 보였어요.

우리나라에서도 이런 시도가 이어지고 있어요. 흙으로 덮어 버린 간 척지를 다시 갯벌로 되돌리는 프로젝트가 대표적인데, 갯벌이 복원되 자 다양한 바다 생물들이 돌아와 해양 생태계가 회복되기 시작했어요.

지리산에서는 멸종 위기에 놓였던 반달가슴곰을 다시 자연에 방사 하는 프로젝트가 진행되었어요. 지금은 종종 등산로에 출몰하거나 농 가에서 꿀을 훔쳐 먹는 일로 화제가 되지만, 프로젝트를 처음 시작한 2004년엔 단 6마리뿐이었지요. 20여 년의 시간이 지나며 100여 마리 가까이 숫자가 늘어나 이제는 사람들과 마주치는 일도 많아졌어요.

그런데 자연 복원은 그저 동물 방사와 개체 수 증가로만 끝나지 않 아요. 반달가슴곰이 많아지면 또 다른 문제가 생기기 때문이지요. 인 간 거주지에 들어오거나 농작물을 훼손하기도 하고, 먹이 경쟁, 서식

NASA 2024년 지구의 날 포스터.

지 경쟁이 심해질 수 있고, 곰이 선호하는 식물 종들이 줄어들어 식생의 균형이 깨질 수도 있어요. 다른 곰들과의 경쟁을 피해 다른 지역으로 이동하다가 곰이 교통사고를 당할 수도 있어요.

그래서 반달가슴곰이 다시 자연 속에서 자리 잡아 가는 과정은 단순한 동물 보호를 넘어, 인간과 자연이 어떻게 함께 살아갈 수 있을지를 고민해야 하는 과정이기도 해요. 사람은 곰과 마주치면 어떻게 행동해야 할지 배우고 곰도 인간의 영역을 인식해 이를 피하는 법을 배워야 하니까요. 곰이 숲에서 살아가면서 생기는 변화는 자연의 흐름 속에서 일어나는 일이에요. 우리에겐 그 변화를 이해하려는 태도가 필요합니다.

돌고래 방사는 어떨까요? 돌핀 프리 프로젝트는 수족관이나 해양 공원의 좁은 수조에 갇혀 지내던 돌고래들을 다시 바다로 돌려보내는 시도였어요. 인간의 즐거움을 위해 '소유'하고 사육하던 돌고래들에게 자유를 되찾아 주는 일인데, 그 과정에서 예상치 못한 여러 어려움이 드러났지요.

오랫동안 좁은 공간에 갇혀 있던 돌고래들은 야생의 환경에 쉽게 적응하지 못했어요. 스스로 사냥하는 기술을 잃어버려 굶주리기도 했고, 수족관에는 없는 파도, 조류, 수온 변화, 바다 소음에 큰 스트레스를 받았어요. 게다가 인간이 오염시킨 바다는 돌고래에게 안전한 장소가 아니었지요. 해양 쓰레기와 어업 활동으로 방사된 돌고래들은 다시 고통받았어요.

이처럼 자연 회복은 단순히 특정 동물 한 종을 보호하는 것으로 끝나지 않는다는 것을 알 수 있어요. 돌고래가 자연에서 살아가기 위해서는 돌고래들과 함께 살아갈 물고기들과 이들이 살아가는 바다 생태계 전체가 건강해야 해요. 특정 동물이나 지역이 아니라, 그 주변의 생태계 전체를 고려하고 회복시키는 것이 중요하지요.

그래서 자연 회복을 위해서는 철저한 조사와 준비가 필요해요. 돌고래를 방사하기 전에 그들의 생존 기술과 방사될 환경에 대해 면밀하게 연구하지 못해 일어난 일을 교훈으로 삼아야 하지요. 이때 인간이 자연을 방해하지 않고, 때로는 아무것도 하지 않는 것이 가장 큰 도움이 될 수 있다는 사실을 기억해야 해요

🍁 우리는 거대한 흐름 속 일부일 뿐

지구는 모든 존재가 함께하는 소중한 터전이에요. 인간, 동물, 식물, 우리 눈에 보이지 않는 아주 작은 생명들, 흙, 바위, 강물, 공기까지 이 지구라는 공간에서 서로 영향을 주고받으며 존재하고 있어요. 하지만 지금 인간의 활동은 자연에 너무나 큰 상처를 남기고 있어요. 숲이 사라지고, 동물들의 터전이 무너지고, 플라스틱이 바다를 뒤덮고 있지요. 자연의 균형은 무너지고, 생명체들이 더 이상 자신들만의 방식으로 살아갈 수 없는 위기에 처했어요.

우리는 그동안 자연을 마음대로 이용하고, 때로는 버리고, 심지어 필요하면 다시 되돌리려 했어요. 하지만 돌고래 방사 프로젝트 같은 재야생화 사례들이 보여 주듯, 자연은 인간이 계획하고 통제한다고 해서 쉽게 회복되지 않아요. 때로는 인간의 개입이 자연에게 더 큰 부담이 되기도 하지요.

네덜란드의 생태계 복원 사례인 오스트바더스플라센 이야기를 조금 더 들려줄게요. 개발이 중단되어 버려진 땅이었던 이곳을 재야생화할 때, 처음에 초식 동물을 방사했어요. 새들은 스스로 날아오지만 동물들은 그럴 수 없으니까요. 그 뒤로 모든 걸 자연에 맡기자 생태계가 놀라울 정도로 건강하게 회복되었지요. 하지만 오스트바더스플라센이 여의도 면적의 일곱 배가량 되는 넓은 보호 구역이라 해도, 그 바깥은 사람들이 살아가는 도시입니다. 경계에는 울타리가 있고, 동물들이 먹이나 서식지를 찾아 다른 곳으로 갈 수는 없어요.

그래서 겨울에 수많은 소, 말, 사슴이 굶어 죽는 일이 일어났을 때, 이를 자연스러운 개체 조절로 보는 사람과 끔찍한 동물 학대로 받아들이는 사람들이 대립했지요. 결국 네덜란드는 겨울철에 동물들에게 먹이를 제공하고, 개체 수가 늘면 동물들을 다른 곳으로 보내기로 했어요. 숲 지역은 자전거길, 산책로, 전망대를 세워 사람들에게 개방하고, 나머지 지역은 인간의 손이 닿지 않게 제한하면서요. 이렇게 일부는 자연의 흐름에 맡기고 일부는 인간이 개입하며 거대한 실험을 계속하고 있어요.

NASA 2020년 지구의 날 포스터.

자연은 우리가 생각하는 것보다 훨씬 크고, 지구 시스템이라 불릴 만큼 스스로 균형을 찾는 힘을 지닌 존재입니다. 반달가슴곰이 다시 숲으로 돌아오면서 자연의 힘으로 새로운 생태계 흐름이 만들어졌듯이, 각각의 존재들이 새로운 관계를 맺으며 자연 속에서 변화를 일으켜요. 우리는 이 흐름을 이해하면서 인간과 자연이 어떤 관계를 맺어야 할지 다시 생각해야 해요.

그 방향은 바로 자연이 스스로의 힘을 지닌 존재라는 걸 받아들이고, 자연의 힘과 권리를 존중하는 태도가 아닐까요? 안마도의 사슴, 마라도의 고양이와 길거리를 떠도는 유기 동물은 모두 인간 중심의 사고방식이 불러온 문제들입니다. 우리는 이제 그런 사고방식을 버려야 해요. 인간은 지구의 주인이 아니라 자연의 일부일 뿐이며, 자연을 지배하거나 소유할 수 있는 존재도 아니에요.

우리가 자연을 존중한다면, 자연도 인간에게 깨끗한 공기와 맑은 물, 그리고 푸른 숲을 보여 줄 거예요. 자연과 공존하며 살아가기 위해, 이제는 겸손하게 자연의 권리를 인정하는 게 필요하지 않을까요?

6.

설악산 산양은
왜 마을로 내려왔을까?

🍁 오색 케이블카를 타고 어디로 올라가시겠습니까?

이런과 저런이 깊고 높은 명산을 함께 올랐다. 두 사람은 이런저런 이야기를 주고받는데…….

저런 자네는 뭣 하러 산을 오르며 고생을 사서 하나?

이런 좋아서 오르지. 그러는 자넨 뭣 하러 산에 왔는가?

저런 나야 목적이 있으니 왔지. 자네처럼 소요할 만큼 한가롭진 않거든.

이런 소요라, 옳거니. 그 말이 딱 맞네. 천천히 자연과 벗하며 시간을 보내는 게 내가 산에 오르는 이유일세.

저런 땀 한 방울 안 흘리고 산에 오를 수 있다면 얼마나 좋을꼬? 더 여유가 넘치지 않겠나?

이런 에이, 시시한 말씀. 정상을 찍는 게 목적이 아닌데, 빨리 쉽게만 가면 무슨 재미가 있나? 모름지기 땀 흘리며 올라가 정상에서 맞는 바람한 자락, 달게 마시는 물 한 모금이 산을 오르는 묘미 아니겠나.

저런 이 바쁜 세상에 무슨 신선놀음하는 소리를. 케이블카가 생기면 아마 다들 줄을 설 걸세.

이런 한 번은 타 보겠지. 하지만 두 번은 아닐걸세.

저런 전 국민이 한 번씩만 타도 대박이라네. 또 자네야 튼튼한 두 다리가 있지만 노인, 장애인, 어린이도 생각해야지.

이런 개발한다고 산을 다 파헤치면 여기 사는 동물들은 다 어디로 간단 말인가?

저런 동물보다야 사람이 먼저 아닌가. 뭣이 중한가?

이런 동물도 살아야지. 생명이 중한가, 오락거리가 중한가?

저런 생명이라고 다 같은 생명인가. 사람이 있어야 다른 생물도 보호하고 지키는 거지.

이런 보호는커녕 손대서 망가뜨리는 게 사람 아닌가. 가만두면 잘 살아갈 생명들이네.

저런 이보게, 자연 위하는 척하지 말게. 자네 같은 사람들이 등산하며 산을 밟아 망가뜨리는 것보다 차라리 케이블카로 실어 나르는 게 낫지 않겠나.

이런 이건 무슨 궤변인가? 어찌 발로 걷는 것과 철골 구조물늘 설치하는 걸 비교하는가? 케이블카도 기대만큼 잘되기 힘들걸세. 적자에 허덕이는 케이블카가 한두 개가 아니라더군.

저런 그건 무슨 악담인가? 무조건 잘될걸세. 슬슬 그린벨트 해제 소식이며 개발 바람이 부는데 남들보다 빨라야 기회를 잡을 수 있는 법이지.

자네도 신선놀음 그만하고 멀리 내다보게나.

이런 자네는 돈벌이에만 관심이 있구먼. 돈이 먼저가 아닐세. 오래 이 자리를 지켜온 산과 생명들을 먼저 생각해야지.

저런 그놈의 생명 타령은. 돈벌이가 나쁠 게 뭐가 있나? 자네가 뜨신 밥 먹고 이렇게 산에서 소요할 수 있는 것도 다 나처럼 부지런한 사람들이 온 나라를 개발하면서 이룬 경제 성장 덕분이라는 걸 좀 알아야지.

이런 씨와 저런 씨의 대화는 실제 상황입니다. 강원도 양양군에서 설악산에 케이블카를 설치하는 '설악산 오색 케이블카' 사업을 추진했거든요. 설악산 오색 케이블카 사업은 설악산 남쪽 자락의 오색리부터 시작해 설악산 최고봉인 대청봉에서 멀지 않은 끝청봉 바로 아래까지, 약 3.5킬로미터 구간에 케이블카와 전망대 등을 건설하는 사업이에요.

1. 산양 등 법정 보호종에 대한 모니터링을 강화하고 법정 보호 식물 및 특이 식물에 대해 추가 조사할 것.

2. 바람의 속도와 눈이 쌓이는 기상 상황을 고려해 설계할 것.

3. 기존 등산 탐방로와 겹치지 않게 약간 아래쪽에 정류장을 설치하고 정류장 규모도 기존보다 조금 작게 만들 것.

케이블카 설치를 오랫동안 강경하게 반대해 온 환경부는 이런 형식적인 조건만 붙여 2023년 2월에 사업을 허용했어요. 시작은 1982년으

위 설악산 권금성 케이블카.　　**아래** 설악산 오색 케이블카 조감노.

로 거슬러 올라가요. 양양군은 설악산에 두 개의 케이블카를 건설하려 했지만, 문화재위원회가 허가하지 않았어요. 설악산 국립 공원을 역사적인 국가 유산으로 보호해야 한다면서요. 양양군은 굴하지 않고 2001년, 2012년, 2019년에 계속 다른 구간의 케이블카 설치를 시도했어요. 환경부는 멸종 위기종 서식지가 훼손되고 산의 식생이 파괴될 거라는 환경영향평가(개발 사업이 환경에 미치는 영향을 사전에 조사해 허가 여부를 결정하는 제도)를 이유로 허가하지 않았지요.

그러자 양양군은 부당하다며 행정 심판(행정 기관의 결정으로 권익을 침해받았을 때 거는 소송)을 했어요. 결과는 어떻게 났을까요? 국민권익위원회 중앙행정심판위원회는 환경부 결정이 부당하다며 양양군의 손을 들어 주었어요. '노약자나 장애인도 설악산의 절경을 볼 권리가 있다.', '케이블카 설치로 등산객에 의해 훼손되는 산을 오히려 보호할 수 있다.', '자연 파괴를 최소화하는 친환경 개발을 하겠다.'라는 양양군의 주장을 인정한 거예요. 41년 만에 쾌재를 부른 양양군은 2026년에 케이블카에 첫 손님을 태우고자 공사에 박차를 가하고 있어요.

🍁 41년 동안 지켜 온 보호막이 뚫린 이유

그런데 이미 설악산에는 케이블카가 있어요. 1970년에 당시 대통령의 사위가 만든, 설악 소공원과 권금성을 오가는 약 1.1킬로미터의 케이블카로 매년 70여만 명이 이용하고 있지요. 권금성은 고려 시대에 지어진 산성이 있는 아름다운 산봉우리였는데 지금은 나무와 토양이 사라지고 바위만 남을 정도로 황폐해졌어요.

설악산의 가장 높은 세 봉우리인 끝청봉, 중청봉, 대청봉은 한라산과 지리산 다음으로 높고 멋져서 옛날에는 봉황을 상징하는 봉정, 푸르고 영험하다는 청봉으로 불렸어요. 건강한 성인도 오르기 힘든 이곳을 케이블카로 단 15분 만에 올라갈 수 있게 되면, 누구나 설악산을 구석구석 속속들이 누빌 수 있겠지요. 하지만 권금성처럼 산이 황폐해질 가능성도 커져요. 오색 케이블카의 연간 이용객 수는 권금성 케이블카의 세 배 이상일 거라고 해요. 자유롭게 설악산을 즐기는 만큼 산은 세 배나 더 심하게 황폐해질지 모릅니다.

설악산은 그냥 산이 아니에요. 1965년 천연기념물로 지정되었는데, 개별 동식물을 넘어 자연 생태계 자체를 보호하려는 우리나라 최초의 사례였어요. 1970년에는 국립 공원으로, 1982년에는 유네스코 생물권 보전 지역으로, 1996년에는 산림 유전 자원 보호 구역으로, 2005년에는 백두대간보호법에 따라 백두 대간 보호 구역으로 지정되었지요. 오랜 역사, 독특한 지형, 풍부한 생물 다양성, 빼어난 자연 경관을 지녔기에 이처럼 여러 겹의 울타리로 보호해 왔어요.

그런데도 보호막이 뚫린 이유는, 많은 이들이 경치를 즐겨야 한다는 명분, 장애인과 어르신과 어린이처럼 산행에 제약이 있는 사람들의 접근성을 높인다는 명분을 넘어서는, 아주 강력한 명분이 있었기 때문이에요. 바로 지역 경제 활성화지요. 약 1500억 원의 경제적 이득과 900여 명의 고용이 창출된다며 모두가 들떠 있어요. 과연 이 논리는 사실일까요?

케이블카 이용객이 많다는 서울 남산, 설악산 권금성, 통영 미륵산은 관광객 대비 케이블카 이용객이 3~4퍼센트밖에 안돼요. 다른 지역의 케이블카 이용률은 2퍼센트 아래고요. 즉, 케이블카가 설치된다고 관광객이 늘어나는 것은 아니에요.

전국적으로 관광용 케이블카는 41곳에서 운영되고 있어요. 2015년까지는 20곳 정도밖에 없었는데 통영과 여수의 케이블카가 인기를 얻자 우후죽순 생겨났어요. 하지만 통영과 여수를 제외하고는 모조리 적자 경영에 허덕이고 있어요. 이용객도 계속 줄고 있고요.

게다가 케이블카가 성공적으로 운영된다 해도 지역 경제가 살아날지는 확신할 수 없습니다. 설악산 권금성 케이블카는 연간 30~40억 원가량 흑자를 내지만, 케이블카를 설치하고 운영하는 사업자만 돈을 벌 뿐 지역 주민에게 돌아가는 이익은 거의 없거든요. 케이블카 인근 속초 설악동 상권은 오래전부터 쇠퇴해 와서 지금은 대부분의 상점과 숙박업소가 폐업 상태예요. 케이블카를 설치한다고 해서 관광객이 더 늘어나거나 지역 상권이 더 활성화된다는 보장이 없는 것이지요. 이처럼 근거도 불분명하고 가능성도 희박한 '경제 효과'라는 명분이 41년간의 줄다리기를 끝낸 거예요.

그런데 궁금합니다. 만약 경제적인 이익만 확실하다면, 설악산에 케이블카를 설치해도 정말 괜찮을까요?

🍁 산양 천 마리의 죽음과 맞바꾼 불확실한 경제적 이득

길고 단단한 다리와 강한 눈빛에 털은 북슬북슬한 회갈색이고 암수 모두 짧고 두꺼운 뿔이 있는 설악산 산양은 약 200만 년 전부터 지구상에 존재해 온 초식 동물입니다. 살아 있는 화석으로도 불리며 천연기념물이자 환경부 지정 멸종 위기 야생 생물 1급으로 보호받는 종이지요. 포식자를 피해 가파른 절벽과 험준한 벼랑, 급경사 바위 지대를 오르내리며 살아요.

그런 산양들이 2024년 2월부터 거의 매일 10~20마리씩 마을로, 심지어 차가 빠르게 달리는 도로변으로 내려왔어요. 사람과는 최소 100미터 정도 거리를 두는 산양들이 왜 갑자기 산 아래로 내려온 것일까요? 원래 산양은 폭설이 내리면 먹거리를 찾아 종종 마을로 내려오기도 해요. 하지만 너무 자주, 너무 많은 개체 수가 내려왔어요.

그러다 충격적인 소식이 전해집니다. 설악산의 산양 1000여 마리가 그만 죽어 버렸다는 이야기였지요. 우리나라에 약 2000마리 남짓 살고 있었는데 그 절반가량이 싸늘한 주검이 되어 버린 거예요. 눈 때문에 먹을 게 없었다고 하기에는 눈으로 뒤덮인 면적이 더 넓었던 2003년과

위 설악산 대청봉.

아래 멸종 위기 야생 생물 1급인 산양을 복원하는 국립생태원 프로젝트.

2012년에도 이런 떼죽음이 없었어요. 도대체 산양에게 무슨 일이 생겼던 걸까요?

산양의 죽음이 아프리카돼지열병 예방을 위해 세운 철제 울타리 때문이라는 분석도 나왔어요. 울타리가 먹잇감을 찾는 산양들의 이동을 어렵게 만들었으니까요. 여기에 더해 산양들이 유독 한계령 주변 곳곳에서 목격되었는데, 이곳은 산양 서식지와 케이블카 노선이 겹치는 곳이에요. 서식지는 철조망 때문에 쪼개지고, 케이블카 공사로 소음과 진동이 커지자 산양의 삶이 위협받은 거예요. 야생 동물은 사람과 차가 다니는 곳에서 살아갈 수 없어요. 작은 구조물이 하나만 생겨도 그 주변 몇 킬로미터 반경을 돌아다닐 수 없으니까요.

그렇게 1000마리가 넘는 생명이 설악산 곳곳에서 굶어 죽어 갔어요. 사람이 산을 즐길 권리를 산양의 살 권리와 맞바꾼 거나 다름없어요. 인간의 즐거움이 다른 생명체의 목숨보다 귀중할까요? 다른 종이 한꺼번에 죽어 나가는 것보다 극소수 인간들이 경제적 이득을 얻는 게 더 중요할까요? 너무 희소해서 잘살게 해 줘도 부족할 산양을 죽음으로 몰아넣고 얻은 경제적 가치와 즐거움이 과연 정당할까요?

설악산 케이블카는 산양만 위협하는 것이 아니에요. 다른 멸종 위기 종인 삵과 담비는 물론 국제적 멸종 위기 식물들과 설악산에만 있는 희귀종들도 위협하고 있어요. 같은 해 봄, 멸종 위기 야생 생물 1급으로 경상북도 소백산에 방사했던 수컷 붉은여우가 산을 뛰쳐나와 250킬로미터나 떨어진 광주로 이동한 일이 있었어요. 여우는 왜 소백산을 벗어났을까요? 그 이유는 영주시가 국립 공원 안의 보호 구역을 해제하고 소백산에 케이블카를 설치하려 했기 때문이에요.

설악산 오색 케이블카 허가의 파급력은 실로 어마어마해요. 강원도 인제군은 백담사 케이블카를, 고성군은 신선대 케이블카를, 부산은 해운대와 이기대를 잇는 케이블카를 추진했어요. 한라산, 지리산, 가야산, 월악산 등을 끼고 있는 지방 자치 단체들도 저마다 케이블카 사업을 밀어붙이고 있어요. 둘레길, 오름길, 출렁다리, 집라인 개발 경쟁도 뜨겁습니다.

이곳들은 대부분 국립 공원이에요. 도립 공원을 포함한 일반 공원이 자연의 이용과 보전을 함께 고려하는 곳이라면, 국립 공원은 보전을 우선시하기 위해 지정된 곳이에요. 세계 최초의 국립 공원은 '자연을 위해 따로 떼어 놓은 땅'이라는 개념으로 1778년 지정된 몽골의 보그드칸울 보호 구역이지요. 그런데 지금 대한민국 국립 공원은 개발 공사로 파헤쳐지고 있어요. '자연을 위해 따로 떼어 놓은 땅'이 '인간의 이익을 위한 땅'으로 변한 셈이지요.

자연 훼손이 심각해지고 생물 다양성을 지키는 일이 중요해지면서, 세계 여기저기서 야생 동식물 보호 구역이 많이 지정되었어요. 이런 곳들을 전부 합치면 지구 지표면의 약 15퍼센트에 해당합니다. 하지만 과학자들은 생물 다양성 손실로 인한 대재앙을 막으려면 지표면의 50퍼센트를 보호해야 한다고 말해요. 인간이 지구를 점령하려는 욕심을 반으로 줄여야 한다는 뜻이에요.

우리나라 국립 공원은 산악형 열여덟 개, 해상과 해안형 네 개, 국립 공원지구로 지정된 경주까지 모두 더해도 전체 국토 면적의 6.8퍼센트밖에 안 돼요. 이 손바닥만 한 공간마저도 그냥 두지 못하고 인간이 점령하려 하지요.

우리는 한반도 곳곳에 신공항을 세우고 그린벨트를 풀고 아파트를 더 지으려 해요. 모두가 집에서 가까운 공항, 새 아파트, 더 넓은 집을 가지고 싶어 하지요. 그렇기에 지금도 충분히 쪼그라든 자연과 야생은 점점 더 설 자리가 줄어들고 있어요. 사람들이 무관심으로 침묵하는 이유는, 모든 걸 인간의 편리와 경제 논리로 이해하는 데 익숙해서가 아닐까요? 이 익숙함을 멈출 새로운 생각, 새로운 행동이 필요해요. 그런 게 없다면 우리는 항상 "더, 조금 더!"라는 요구에 끌려다닐 수밖에 없을 테니까요.

🍁 사람에게 인격이 있듯 산에는 산격이 있다

케이블카 때문에 '대청봉의 경관이 훼손된다'라는 말을 생각해 봅시다. 아름다운 자연의 모습을 망가뜨린다는 주장은 사실 '인간'의 관점이에요. 자연은 인간이 보기 좋으라고 존재하는 게 아니라 그저 자신의 방식대로 존재하고 있을 뿐이니까요.

케이블카가 설치될 대청봉은 설악산 고유의 것이에요. 이 말을 사

미국의 국립 공원 보호 포스터. 1930년대 대공황 시기에 예술가들을 지원하는 프로젝트로 만들어졌다.

람인 철수에게도 해 볼까요? 철수의 팔은 철수 고유의 것이에요. 모든 사람에게 있는 팔이 철수에게도 있다는 게 아니라 철수라는 사람만이 가진, 철수와 연결된 팔이 있다는 뜻입니다. 철수의 팔에는 철수의 몸과 이어진 힘줄, 근육, 혈관, 철수 고유의 살 내음이 있어요. 팔은 철수 몸의 일부이자 뇌를 비롯한 모든 다른 장기들과 연결된 철수 생명의 일부예요. 철수가 팔을 다친다면 그건 철수가 다치는 거예요. 철수와 철수의 팔은 온전히 연결된 한 몸이니까요.

설악산을 이루는 대청봉도 같은 관점에서 바라볼 수 있어요. 대청봉 봉우리를 이루는 바위, 나무, 흙, 흙 속에 사는 작은 생명체, 연둣빛 새순들이 내뿜는 특별한 산 내음은 대청봉 고유의 것입니다. 대청봉을 포함해 설악산 봉우리 사이를 흘러가는 구름, 새벽이면 피어오르는 어스름한 산안개, 콸콸거리며 쏟아지는 물소리, 딱따구리와 다람쥐의 분주함, 달빛 아래 반딧불이의 향연. 이 모든 건 설악산과 연결된 설악산 고유의 것이자 설악산 그 자체입니다.

따라서 케이블카로 대청봉이 훼손되면 산봉우리 하나의 문제가 아니라 대청봉과 연결된 설악산 전부가 깊은 상처를 입어요. 인간에게 인격이 있듯이, 산에게도 '격'이 있어요. 사람의 격인 인격이 사람이 가진 존엄과 가치와 품위를 가리키듯이, 산의 격은 산이 가진 존엄과 가치와 품위입니다. 산도 인간과 마찬가지로 그 자체로 고유한 격을 가지고 있는 것이지요. 철수와 영희가 다른 인격을 가지듯이, 설악산과 오대산도 서로 다른 산의 격을 가져요. 산들도 저마다 다 다른, 각자

고유한 존재니까요.

그리고 이런 산의 격을 현실에서 실제로 존중하는 나라가 있습니다. 남아메리카 서북쪽에 있는 에콰도르는 2008년 헌법 제7장 제71조에 다음과 같은 내용을 명시했어요.

자연, 즉 파차마마(Pacha Mama)는 생명이 생겨나고 존재하는 터전으로서, 그 존재 자체와 생명 주기, 구조, 기능, 진화 과정을 온전히 존중받을 권리를 가진다.

모든 개인, 공동체, 민족 및 국가들은 자연의 권리가 지켜지도록 공공 당국에 요구할 수 있다.

이 권리들을 해석하고 실현하는 과정에서 헌법에 명시된 원칙들이 적절히 준수되어야 한다.

국가는 자연을 보호하고 생태계의 모든 요소에 대한 존중을 촉진하기 위해 개인, 법인, 공동체에 장려책을 제공해야 한다.

파차마마는 지구의 생명을 지탱하는 여신으로, 안데스 지역 선주민의 세계관이기도 합니다. 파차마마는 어머니이며 자연의 몸이고 인간 또한 자연의 자녀들로서 인간과 자연은 연결되어 있다고 생각하지요. 자연을 개발해야 할 자원이 아니라 그 자체로 에너지를 가진 존재로 바라보는 관점이에요.

케추아족(에콰도르, 페루, 볼리비아 등 안데스 지역의 선주민으로 잉카 제

프랑스 파리의 파차마마 벽화. 전 세계 어디에나 자연과 함께하려는 사람들이 있는 곳에는 파차마마 벽화가 그려진다.

국을 이끈 사람들의 후손. 오늘날까지 전통을 이어오고 있다.) 지도자로 에콰도르 외교부 장관을 지낸 니나 파카리는 "자연의 모든 존재에게는 우리가 '사마이'라 부르는 에너지가 깃들어 있고 따라서 그들은 살아 있는 존재다. 바위, 강, 산, 태양, 식물, 말하자면 모든 존재가, 살아 있다."라고 말했어요. 자연과 더불어 살았던 조상의 오랜 지혜를 잘 계승해 21세기에 법으로 만든 거예요. '자연에게 권리가 있다.'라고 명시하면서요.

에콰도르에 어머니 파차마마가 있다면 우리나라에서는 무엇이 있을까요? 한반도에서는 예부터 산을 신성한 존재로 여겼고 산신을 신령한 존재로 숭배했기에, 각 지역의 산마다 고유한 산신제가 열렸어요. 사람들은 산과 산신을 존중하며 자연의 질서를 지키기 위해 노력했답니다. 또 오랫동안 이어져 내려온 풍수지리 사상에서 엿볼 수 있듯, 땅을 그저 실용적 목적으로 이용하려 하기보다 자연의 조화와 흐름을 중시했어요. 사람이 자연 속에 새로운 거주지를 정할 때 인간의 이로움만을 생각하지 않고 자연 전체의 기운과 지형을 고려하며 심사숙고했지요.

이처럼 한반도에 살던 옛사람들은 이 땅의 자연을 존재 자체로 인정하고 자연이 지닌 힘과 조화로움을 존중하며 조심스레 자연에 '격'을 부여하고 공존해 왔어요. 그렇다면 우리에게 전해 내려온 이 지혜를 현재를 살아가는 우리는 어떤 방법으로 이어 갈 수 있을까요? 우리도 에콰도르처럼 헌법에 자연의 권리를 명시하고 산에도 격이 있음을 인정하면 되지 않을까요? 그렇게 되면 세상은 어떻게 변할까요? 또 우리의 미래는 어떻게 바뀔까요?

자연의 권리가 인정된다면 설악산 케이블카처럼 경제 개발과 환경 보전 사이에서 줄다리기하지 않아도 될 거예요. 우리는 공정하지 않은 줄다리기를 계속해 왔어요. 지금도 경제 개발의 편에는 무수히 많은 사람이 포크레인, 불도저 그리고 자본과 함께 서 있어요. 그 반대편에 있는 산양, 반달곰, 여우, 도롱뇽 그리고 이들을 대변하는 소수의 사람만으로는 줄을 당겨 낼 수 없지요.

게다가 우리는 피라미드 구조로 세상을 바라봐요. 인간의 아래로 말하지 못하는 다른 비인간 종, 그 아래로는 움직이지 못하는 산과 바위 같은 무생물을 두죠. 그런 시선으로는 41년이나 논쟁을 해도 결국 피라미드 맨 아래쪽부터 불도저로 밀어 버리는 결과를 가져올 뿐이에요. 인간 중심의 국토 개발이라는 관점으로는 자연과 공존하기에 한계가 있어요.

물론 발전과 성장도 중요해요. 도로를 뚫고 국토를 개발하고 경제를 성장시켜 인간이 윤택한 삶을 사는 것도 사실이니까요. 하지만 언제까지 계속 성장만 해야 할까요? "더, 조금 더!"라는 성장의 논리는 언제 끝이 날까요? 우리의 끝없는 욕구로 산은 계속 훼손될 거예요. 산양 1000마리의 목숨을 빼앗고도 죽음의 행진은 계속될 거예요.

더 이상 경제 발전이라는 논리 앞에 똑같은 태도로 맞불을 놓고 논쟁하며 시간을 끄는 건 의미가 없어요. 애써 잡고 있던 줄을 한순간

기후 행동 집회에 함께 참여한 비인간 존재.

놓치면 그대로 쓰러져 버릴 만큼 한쪽이 약할 때는 줄다리기를 하면 안 돼요. 공정하지 않으니까요. 이럴 때는 상대편이 줄을 당겨 모든 걸 빼앗기 전에 담을 쳐야 해요. 그 담장 역할을 할 수 있는 게 바로 '자연의 권리'입니다.

자연을 존재 자체로 바라볼 때 우리는 비로소 '자연에게도 권리가 있다.'라는 새로운 생각에 다다를 수 있어요. 온전한 자연 앞에서 경외감을 느낄 때, 우리는 자연이 인간의 이익을 위해 존재하는 게 아니라 '격'을 가진 고유한 존재라는 걸 깨달아요. 스스로의 '격'이 훼손되지 않을 권리를 가진 존재라는 걸 인정할 수밖에 없지요.

자연의 권리를 인정하는 순간, 우리는 인간과 자연이 서로를 존중하는 새로운 관계로 나아갈 거예요. 그러면 인간이 '조금 더 편하게 즐길 권리', '조금 더 가질 권리'를 앞이 아니라 뒤에 두고, 함께 지구를 살아가는 공동체 구성원이 '죽지 않을 권리'와 '훼손되지 않을 권리'를 가장 앞에 둘 수 있지 않을까요?

7.

세균, 곰팡이, 파도, 달······ 자연의 권리는 어디까지 확장될까?

🍁 빗소리, 새소리, 숲 소리에 저작권이 있다고?

여니 이번에 내가 만든 노래 있잖아, 그거 사실은 푸름이가 후렴구 작곡하고 코러스도 함께 불렀거든. 그래서 푸름이를 공동 작곡가로 등록하고 싶은데 방법을 모르겠네.

라미 음악저작권협회에 이름만 올리면 되는 거 아냐? 근데 푸름이가 누구야? 동생?

여니 나랑 같이 사는 앵무새. 노래 진짜 기가 막히게 불러!

라미 잠깐만, 사람이 아니라고? 너 지금 앵무새한테 저작권을 주겠다는 거야? 그건 음악에 파도 소리 들어가면 파도한테도 저작권료 내겠단 소리로 들리는데?

여니 맞아. 만약 파도 소리가 곡의 핵심이면 파도한테 어떻게든 정당한 보상을 해야 하지 않을까? 작품에 참여한 중요한 존재니까.

라미 뭐, 틀린 말은 아니네. 근데 자연의 소리나 동물 소리는 누구나 들을

138

수 있고 언제든지 공유할 수 있는데 누가 돈을 내겠어? 돈을 낸다고 해도 그걸 어떻게 받아서 누구한테 줘? 어우, 생각만 해도 머리 아픈데?

앵무새를 공동 작가로 등록하고 싶다는 여니의 생각이 낯설고 이상하게 느껴지나요? 그런데 놀랍게도 실제로 유엔 라이브(UN Live, 국제연합의 문화, 예술, 기술 관련 콘텐츠를 제공하는 글로벌 디지털 박물관 플랫폼)에서는 '자연'을 예술가로 인정해 등록하는 음악 캠페인을 하고 있어요. '사운즈 라이트 Sounds Right'라고 불리는 이 프로젝트는 2024년부터 자연의 소리를 스포티파이와 애플 뮤직 같은 음악 스트리밍 플랫폼의 'NATURE'라는 공식 음악가로 등록했어요. 우리에게 익숙한 빗소리, 천둥소리, 새소리, 물 흐르는 소리도 있고, 열대 우림의 소리, 해양의 소리, 노르웨이의 무성하고 울창한 숲의 소리 등 평소에 듣기 어려운 먼 곳의 소리도 있지요.

스포티파이의 아티스트 페이지에서 'NATURE'를 검색해 들어가면 인기 순위도 볼 수 있어요. 2024년 9월에는 BTS의 뷔가 피처링한 〈웨어에버 유 아 Wherever U R〉가 9위를 차지했는데 'NATURE'도 피처링 아티스트로 함께 올라갔어요. 노래에 새소리, 파도 소리, 바람 소리 능 5000여 개 자연의 소리를 담았거든요. 같은 날 1위는 호주 퀸즐랜드의 빗방울 리듬, 2위는 캐나다 빅토리아의 천둥 비트, 3위는 안데스 동쪽 초지인 로스 야노스의 빗소리였지요.

지구를 공동 작가로 만들자는 아이디어는 어스퍼센트(EarthPercent,

음악 산업에서 기금을 모아 기후 위기에 대응하는 비영리 국제 민간 단체)로 부터 시작되었어요. 어스퍼센트를 만든 음악가 아담 캘런과 히로키 시라수카는 '음악의 힘으로 모은 돈을 음악의 시작인 지구에게 돌려주어 지구를 보호하는 우리의 공동 행동에 힘을 불어넣자'라고 제안해요. 우리가 자연의 소리를 들으며 낸 저작권료는 환경 단체들에게 보탬이 되어 자연을 보호하는 일에 쓰이고 있어요.

🌿 플랑크톤 작사, 박테리아 작곡(feat. 지구)

우리는 자연이 내는 소리를 어디까지 들을 수 있을까요? 만약 플랑크톤의 노래를 실제로 들을 수 있다면 어떨 것 같나요? 노르웨이의 소리 예술가 야나 빈데른은 〈방랑자The Wanderer〉라는 곡에 플랑크톤의 소리를 담았지요. 빈데른은 북극에서 적도까지 여행하면서 대서양을 떠다니는 동물성 플랑크톤과 식물성 플랑크톤의 소리를 수중 청음기로 녹음하고 거기에 전자음을 입혀 곡을 완성했어요. 플랑크톤이 작사, 작곡, 보컬에 참여한 노래인 셈이에요.(https://janawinderen.bandcamp.com 에서 무료로 들을 수 있으니 궁금하면 들어 보세요.)

빈데른은 바다, 강, 호수, 빙하와 같은 자연 지형의 소리는 물론 물고기, 갑각류, 수생 곤충, 새우, 농어, 심지어 산호초에 이르기까지 지구의 모든 소리를 녹음합니다. 얀 반 아이켄과 공동 작업한 다큐멘터

초원에 내리치는 번개.

리 〈플랑크토늄〉에는 먼지만 한 생명체의 움직임과 소리가 가득해요. 듣고 있으면 작은 생명체가 지구에 얼마나 많을지, 지구에는 대체 얼마나 많은 생명체가 있는지, 우리 인간이 얼마나 작은 일부인지를 새삼 깨닫게 됩니다.

박테리아와 함께 만든 예술도 있어요. 한국계 미국인 미술가인 아니카 이의 〈또 다른 너Another You〉라는 작품이에요. 양방향 거울로 끝없는 환영을 만드는 무한 거울 속에 박테리아(세균)을 넣었는데, 바다에서 온 형광 단백질이 발현되도록 유전자를 조작한 박테리아가 자라면서 작품이 연하게 색을 발합니다. 전시 기간 동안 박테리아는 계속 번식해서 작품을 변화시켜요. 이 작품에서 박테리아는 작가일까요, 소재일까요? 박테리아가 작가라면 관람료의 일부를 받을 자격이 충분하지 않을까요?

2024년에는 에콰도르 저작권 사무소에 숲을 공동 창작자로 인정해 달라는 청원서가 제출되었어요. 음악가 셀드레이크, 작가 맥팔레인, 생물학자 푸르치, 법률가 가라비토는 로스 새드로스 구름숲 답사 중에 함께 〈삼나무의 노래 Song of the Cedars〉를 만들었는데, 숲 소리를 겹쳐서 멜로디를 만들었거든요. 이 노래에는 구름숲의 왕부리새, 오색조, 박쥐, 고함 원숭이, 귀뚜라미가 내는 소리가 들어 있어요. 바스락거리는 나뭇잎 소리, 심지어 새로운 곰팡이종이 발견된 곳의 흙에서 나는 소리도 담겨 있습니다.

맥팔레인은 "숲 안에서 쓰인 것이 아니라, 숲과 함께 썼어요. 우리는

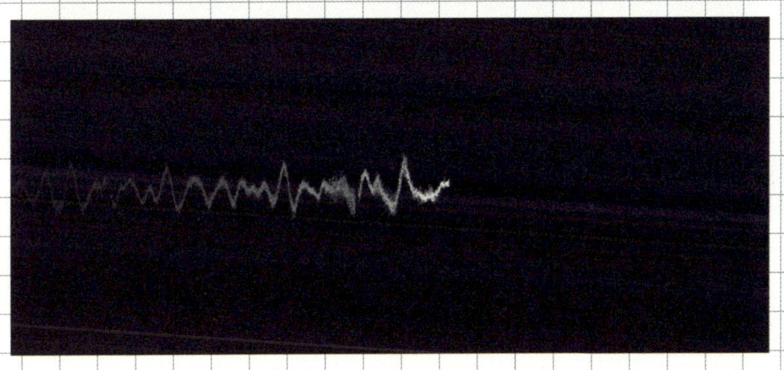

야나 빈데른이 수중 청음기로 바닷속 소리를 녹음하는 모습과 그 소리의 스펙트로 그램.

잠시 숲의 일부였고, 숲 없이는 쓸 수 없었을 겁니다.”라고 말했어요. 에콰도르 헌법재판소는 2021년에 로스 세드로스 생물 보호 구역의 법적 권리를 인정했는데, 이 청원은 그걸 바탕으로 제기할 수 있었지요. 청원이 통과되면 구름숲은 저작권을 갖게 되고, 스트리밍 플랫폼에서 발생한 수익은 숲의 보호 기금으로 사용할 수 있어요.

기술의 발달과 과학자, 예술가들의 노력으로 예전에는 보고 듣고 느끼지 못했던 자연이 작품 속에 점점 더 많이 들어가고 있어요. 이런 작품을 창작하는 데 자연이 얼마나 기여했다고 볼 수 있을까요? 자연의 권리는 사실 더 많은 것을 담고 있지 않을까요?

🍁 법이 인정한 귀한 몸, 곰팡이

다시 작은 생명체 이야기로 돌아가 볼게요. 식물성 플랑크톤은 전 세계 바이오매스(나무, 풀, 곡류, 음식 쓰레기처럼 생물이나 그 부산물에서 얻는 에너지)의 약 1퍼센트에 불과하지만, 지구 전체 광합성의 절반가량을 차지하는 것으로 추정해요. 우리가 숨 쉴 수 있게 해 주는 정말 중요한 생명체지요. 생산자이자 바다 먹이 피라미드의 출발점이고요.

그런데 육지 먹이 피라미드의 시작은 식물이 아니라 곰팡이와 조류의 공생체인 지의류랍니다. 지의류는 곰팡이가 녹조류 또는 남조류에 붙어 한 몸처럼 공생하는 유기체인데, 해수면에서 고산 지대, 사막까지 다양한 환경의 거의 모든 표면에서 살아갈 수 있어요. 조류는 곰팡이에게 광합성으로 만든 영양분을 주고, 곰팡이는 조류에게 수분과 무기질을 제공해요. 그래서 바위, 나무껍질, 척박한 땅에서도 잘 살아남지요.

지의류 말고도 먹이 피라미드의 맨 아랫부분을 함께 담당하는 게 있는데, 바로 균근이에요. 균근은 식물 뿌리와 곰팡이의 공생체입니다. 식물 뿌리는 땅속으로 퍼져 나가는 데 한계가 있는데, 곰팡이는 땅속이나 나무 속에 가느다란 균사를 얼마든지 뻗을 수 있거든요. 곰팡이는 균사를 그물망처럼 땅속에 퍼뜨려 인, 질소 같은 영양분을 흡수해 식물에게 공급하며 제2의 뿌리털 역할을 해요. 식물은 그 대가로 광합성으로 만든 유기 양분을 곰팡이에게 주고요. 이처럼 식물과 곰팡이의 공생 관계가 육지 생태계의 기초를 만들어 내요. 흔히들 먹이 사슬의 마지막에 있는 분해자로 기억하는 곰팡이가 실은 분해자이자 생산자인 거예요. 먹이 피라미드의 시작과 끝에 곰팡이가 있다니 놀랍지요?

작은 생명체들에 대한 더 놀라운 이야기가 있습니다. 주인공은 노란 실처럼 보이는 황색망사점균의 균사예요. 일본 연구진은 뇌가 있기는커녕 세포 하나로만 이루어진 점균(곰팡이는 아니지만 생태계에서의 역할이 곰팡이와 비슷한 끈끈한 단세포 생물)을 가지고 아주 특별한 실험을 진행했어요. 먼저 페트리 접시에 도쿄 수도권의 주요 도시들을 점균이 좋아하는 귀리 플레이크로 표시했어요. 그리고 점균이 싫어하는 빛으로 산이나 강 같은 자연의 장애물을 표시했죠. 일종의 지도를 만든 거예요. 그런 다음 점균을 배양했어요.

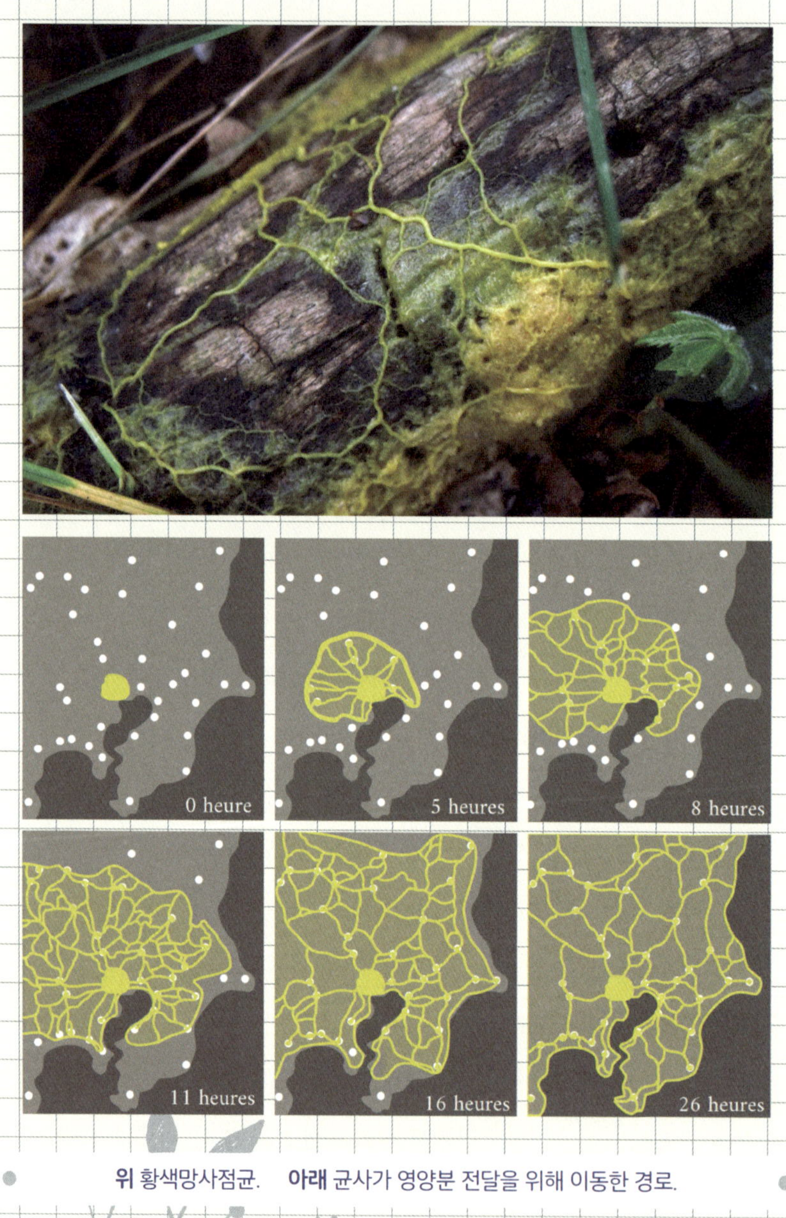

위 황색망사점균.　　**아래** 균사가 영양분 전달을 위해 이동한 경로.

무작위로 퍼지는 것 같던 균사는 효율적인 영양분 전달을 위해 불필요한 경로를 없애고 하루 만에 최단 경로를 찾아냈어요. 그런데 그 모양이 실제 도쿄의 철도망과 거의 똑같았습니다. 점균은 비슷한 실험에서 미국의 고속도로망, 중앙 유럽의 로마 시대 도로망도 척척 재현해 냈어요. 가구와 생활용품으로 가득한 거대한 이케아 매장에서 항상 길을 헤매던 생물학자는 점균에게 매장 평면도로 만든 미로를 풀게 했답니다. 점균은 당연히 원하는 물건을 가장 빨리 살 수 있는 최단 경로를 찾아냈고, 생물학자는 "점균이 나보다 똑똑하다!"라는 한마디를 남겼어요.

이토록 중요하고도 엄청난 능력을 가진 작은 생명체에게, 그중에서도 곰팡이에게 특별한 지위를 부여한 나라가 있습니다. 칠레는 2012년 환경법에 자연을 개발하기 전에 실시하는 생태계 평가에서 곰팡이를 '필수 유기체'로 지정했어요. 개발할 지역에 어떤 곰팡이종이 있는지 반드시 조사하고, 만약 개발로 곰팡이가 사라질 가능성이 있으면 공사를 조정하고, 정말 중요한 곰팡이라면 아예 개발을 포기하고 보호 구역으로 설정해야 하지요. 보이는 동식물을 넘어 보이지 않는 곰팡이까지 생태계의 구성원으로 존중하는 거예요. 다시 말해 곰팡이가 존재할 권리를 인정한 것이지요.

이는 환경법에 곰팡이가 포함된 세계 최초이자 유일한 사례입니다. 글로벌 균류 보존 단체인 펑기파운데이션(Fungi Foundation, 곰팡이 재단)이 10년 이상 수없이 노력한 결과였어요. 세균부터 시작해 플랑크톤, 조류, 곰팡이나 버섯 같은 균류, 지의류나 균근 같은 공생 생물 그리고 이끼에 이르기까지, 지구의 작은 생명체들을 존중하려는 시도는 지금도 지구 곳곳에서 계속되고 있지요.

🍁 파도가 밀려와 완벽하게 부서질 권리를 보장하라!

우리는 앞에서 파도 소리에 음악 저작권을 인정해 주려는 시도를 살펴보았어요. 그런데 브라질에서는 파도의 또 다른 권리를 인정했어요. 무슨 권리일까요?

브라질은 호주에 이어 세계에서 두 번째로 철광석을 많이 생산하는 나라입니다. 철은 석탄처럼 땅속 깊이 갱도를 뚫어 채굴하지 않아요. 철광석을 품은 산을 깎아 부순 다음, 매일매일 수천 톤이 넘는 바위를 어마어마하게 큰 쇄석기에 집어넣어 독한 화학 처리수와 함께 으깨는 방식으로 채취해요. 이 과정에서 엄청난 먼지와 독성 광물질, 중금속, 독한 화학 폐수가 섞인 걸쭉한 폐석 슬러리(건설 현장, 광산, 논밭 등에서 생성되는 오염된 입자가 섞인 걸쭉한 액체)가 끝도 없이 생겨납니다. 이 슬러리 때문에 철광석 채굴 기업은 온통 붉은 흙으로 덮인 광산 한 가운데에 거대한 인공 댐을 세워요. 폐수를 가두는 초대형 댐이지요.

2015년 11월 5일 오후, 브라질 미나스제라이스주의 거대한 슬러리 댐이 굉음과 함께 무너져 버렸습니다. 이 댐의 이름은 펀당댐으로, 브라질에서 가장 크고 세계에서 세 번째로 큰 철광석 채굴 기업의 소유였어요. 이 사고로 수백만 톤의 끔찍한 독성 폐수가 계곡으로 쏟아져 내려가 마을을 덮쳤고, 수십 명이 죽고 다쳤어요. 저녁이 되자 폐수는 도세강으로 밀려들어 가기 시작했습니다.

도세강은 브라질 동남부의 230개 이상의 지역에 먹을 물과 농업 용수, 산업 용수를 공급하는 크고 중요한 강입니다. 도세강 유역은 푸르른 열대 우림 생태계로 수많은 동식물의 보금자리고요. 그런데 펀당댐의 사고로 악취 나는 붉고 걸쭉한 유독성 진흙 혼합물이 도세강과 대서양이 만나는 강 하구까지 도달했습니다. 그리고 이틀 만에 바다의 북쪽과 남쪽으로 10킬로미터 이상 넓게 퍼졌어요. 브라질에서 바다거북이 알을 낳는 유일한 장소인 콤보 이오스 생물학적 보호 구역이 가장 큰 피해를 입었고, 슬러리에 아가미가 막힌 물고기들이 질식사하는 등 도세강 하구를 집으로 삼은 모든 생명체가 위기에 처했어요.

이 사고로 강 주변의 수많은 도시와 마을에 재난이 선포되었고, 11종의 생물이 멸종 위기에 처했고, 어업으로 생계를 이어가던 주민들은 수십 년이 지나야 다시 붕니기를 잡을 수 있다는 이야기를 들어야 했습니다. 브라질 역사상 최악의 환경 재해이자, 세계적으로도 유례없는 환경 재난이었어요.

서핑하기에 좋아 많은 사람에게 사랑받던 파도의 모습 또한 달라지고 말았어요. 해안가 파도는 해저면의 깊이에 영향을 받는데, 바다까지 밀려온 슬러리가 바닥에 쌓여 서핑을 할 수 없게 된 거예요. 해안가에서 600킬로미터나 떨어진 철광석 광산의 폐수 댐 붕괴가 강, 바다의 생태계를 파괴하고 어업, 서핑과 관광업에 종사하던 사람들의 삶을 망가뜨렸습니다. 5년이나 흐른 뒤인 2020년이 되어서야 조금씩 예전의 파도 모습을 볼 수 있었지요.

끔찍한 환경 재앙을 겪은 사람들은 바다의 파도에 법적 권리를 부여하는 법안을 통과시켰습니다. 2018년 브라질에서 열린 최초의 자연권 포럼에서 아이디어가 시작되어, 2024년 에르피리투산투주 린하레스 시의회가 조례를 통과시켰어요. 도세강 하구의 파도를 살아 있는 존재로 인정하고, 인간의 간섭으로부터 보호하며, 그들 파도가 자연스럽게 만들어지고 회복될 권리를 보장하는 법이었지요. 파도가 계속해서 밀려와 완벽하게 부서질 권리를 인정한 거예요.

또 이곳만의 독특한 서핑 환경을 보호하기 위해 과학 지식과 전통 문화를 통합했어요. 서퍼 대표, 선주민 공동체 대표, 시의회 의원이 환경위원회를 구성해서 파도의 생태적, 문화적, 경제적 가치를 보호하고 파도의 물리적 형태와 생태적 순환을 지켜 나갈 거라고 해요.

그동안 자연의 권리는 생태계나 서식지처럼 주로 자연의 살아 있는 부분에 초점이 맞춰져 있었어요. 강의 권리를 인정한 경우에도 물의 흐름이 아닌 강 생태계에 대한 것이었죠. 그런데 파도는 바닷물의 흐름으로 만들어지는 물리적 과정입니다. 파도가 권리의 주체가 된다는 건, 자연의 살아 있는 존재를 넘어 생명이 없는 돌, 물, 공기 같은 존재의 권리도 인정한다는 의미예요.

위 슬러리 피해를 입은 도세강 하구와 바다.

아래 완벽하게 부서질 권리를 잃은 오염된 파도.

🍁 달이 영원히 평화로운 천체로 남을 권리

우리는 지금까지 자연의 권리가 어디까지 확장될 수 있는지 여러 사례를 살펴보았어요. 비인간 동물의 권리부터 강, 나무, 산, 파도, 세균, 빗소리까지 그 범위는 점점 넓어지고 있고 법적으로 인정받는 사례도 계속 늘어나고 있어요. 2020년에는 습지 권리 선언이, 2023년에는 남극 권리 선언이 발표되기도 했어요. 페이지를 넘겨 2006년부터 2024년까지 전 세계에서 자연의 권리를 인정한 수많은 사례를 하나하나 들여다보세요. 우리에겐 아직 낯설고 어색한 자연의 권리가, 다른 누군가에게는 이미 익숙하고 너무나도 당연한 이야기라는 걸 알 수 있어요.

더 놀라운 이야기를 해 볼까요? 자연의 권리는 지구를 넘어 우주로 향하고 있답니다. 바로 '달의 권리 선언'이지요. 달은 지구와 함께 시작했고, 아마 끝도 함께할 것입니다. 지구와 떼려야 뗄 수 없는 달은 우리에게 어떤 존재일까요?

우주여행 기술이 개발된 뒤, 사람들은 달도 인류가 사용할 '자원'으로 여기기 시작했어요. 1967년 국제연합UN은 '달과 기타 천체를 포함한 외기권의 탐색과 이용에 있어서 국가 활동을 규율하는 원칙에 관한 조약'을 만들며 달이 인류의 공동 영역이라고 선언했습니다. 하지만 여러 나라의 우주 기관과 민간 기업들은 각자의 필요와 이윤을 위해 달의 자원을 채굴하려고 하지요.

우리나라도 2024년 우주 항공청과 한국항공우주연구원이 달 착륙

선 개발을 시작해, 2032년에 달에 갈 예정입니다. 핵융합 연료로 주목받는 헬륨-3은 지구에서는 희귀 광물이지만 달에는 꽤 묻혀 있어요. 미국과 중국의 우주 탐사 기업들은 헬륨-3을 달에서 채굴하기 위한 기술 개발을 서두르고 있고 벌써 구매 주문을 받고 있어요.

이처럼 달의 자원을 거리낌 없이 이용하려는 움직임 뒤에는, 지구의 자연과 달리 우리가 달에게 아무런 도덕적 의무와 책임을 지지 않아도 된다는 생각이 깔려 있어요. 하지만 자연의 권리를 지구 밖으로도 확장하려는 시도가 있습니다. '문빌리지협회(Moon Village Association, 달마을협회)'를 중심으로 인류와 달의 윤리적이고 지속 가능한 관계를 고민하는 사람들은 2021년에 '달의 권리 선언'을 만들었어요. 달을 단순한 자원이나 탐사의 대상으로 보지 않고, 고유한 존재로 인정하고 권리를 부여하자고 제안하는 거예요.

달의 권리 선언(Declaration of the Rights of the Moon)

우리는 지구인으로서 달에 존재하는 독특하고 온전하며, 서로 연결된 환경과 지형을 인정하며, 지구와 달 사이에 이어져 온 근원적인 관계를 존중하며, 지구와 달의 탄생에 관하여 아직 밝혀지지 않은 것들이 많음을 고려하며, 달이 지구 시스템의 건강한 순환과 지구 생명체 유지에 매우 중요한 역할을 하며 달이 인간에게 깊은 정신적, 문화적 의미를 지닌 존재임을 이해하며, 달의 주기가 지구 생명이 진화하는 데 기여했음을 인정하며, 달이 오랜 시간 변하지 않은 채 그대로의 모습으로 존재해 왔기에 지구에서 살아온 모든 생명의 기억과 시간을 간직한 소중한 장소임을 이해하며, 부유한 나라와 기업들이 다시 달에 가서 달에 거주하고 달의 자원을 채굴하고 달의 모습을 훼손하는 기술을 개발하고 있는 현실을 인식하고 인류가 지구에서 초래한 생태계 붕괴와 대규모 멸종 그리고 기후 위기를 성찰하며 같은 파괴와 변화가 달에는 반복되지 않도록 해야 한다.

이에 다음과 같이 선언한다.

1. 달은 다음과 같은 것들로 이루어진, 고유하고 자율적인 자연의 존재이다: 달 표면과 달 내부, 산과 분화구, 암석과 바위, 달의 흙인 레골리스, 먼지, 맨틀과 핵, 광물, 가스, 물과 얼음, 얇은 대기, 달 주위의 궤도, 그리고 지구와 달 사이의 우주 공간을 포함하며 꼭 이들만으로 한정되지 않는다.

2. 지구에 있는 어느 나라나 기업, 개인도 달을 소유하거나 영토로 주장할 수 없으며 달은 우주의 한 존재로서 다음과 같은 기본적인 권리를 가진다:
a) 존재하고 계속 살아갈 권리 – 인간에 의해 훼손되거나 오염되지 않고 달의 주기를 유지할 수 있는 권리
b) 시스템의 온전함을 지킬 권리 – 달의 환경과 구조가 건강하게 유지될 권리
c) 스스로 존재하는 완전한 천체로 인정받을 권리 – 인간이 완전히 이해하지 못해도 스스로 작동하는 통합된 환경으로 존중받을 권리

d) 지구와 독립된 관계를 유지할 권리 - 지구 생명체와 지구 환경과 독립적으로 자유롭게 존재할 권리

e) 영원히 평화로운 천체로 남을 권리 - 전쟁 등 인간의 갈등에 휘말려 훼손되지 않고 영원히 평화로운 천제로 남을 권리

누구든 웹사이트에 들어가서 달의 권리를 지지할 수 있습니다. 여러분도 달의 권리를 지지할 수 있어요. 우리가 달의 권리를 지지한다면, 머지않은 미래에는 화성의 권리를 고민해야 할지도 모릅니다. 지구인으로서 미리 고민해 두면 좋겠지요?

자연의 권리가 지구를 넘어 우주를 함께 구성하는 존재들에게로 확장되고 있다는 건, 우리가 '자연'이라고 생각하는 것의 범위가 넓어지는 일과 같아요. 우리는 주변의 동식물은 물론 그 주변을 이루는 땅, 물, 바람, 공기에도 관심을 두게 되었고, 이제는 과학 기술의 발달로 아주 작은 미생물부터 저 먼 우주까지 보게 되었지요. 우리의 시야가 넓어지는 만큼 '자연'의 범위도 넓어지고, 그 속에 함께 살아가는 모든 존재도 자연으로 인식되는 거예요. 인공 지능과 로봇의 권리까지 고민하는 지금, 자연의 권리는 어디까지 확장될 수 있고 우리는 그 권리를 어디까지 인정할 수 있을까요?

🍁 법이 인정한 자연의 권리들

자연의 권리를 법적으로 인정한 주요 사례들을 모아 보았어요. 자연이 비로소 목소리를 얻은 순간들을 한눈에 살펴보며, 우리가 바꿀 미래를 상상해 볼까요?

2024년 6월	브라질 에스피리투 산투주 린하레스 시의회	도세(도스, Doce) 강 어귀의 파도에 권리를 부여하는 법안 승인
2024년 4월 22일	멕시코 연방 헌법 제5조, 18조 개정	자연 또는 생물 다양성과 토착 고유종을 권리 주체로 인정
2023년 12월 14일	아일랜드 환경 및 기후 변화 대응 합동위원회	생물 다양성 손실에 관한 시민 의회 보고서의 권고안을 검토한 보고서 발표: 자연권 헌법 개정안에 대한 국민 투표를 실시할 것을 권고함.
2023년 8월	우리나라 민주사회를위한변호사모임	후쿠시마 오염수 해양투기 저지를 위한 헌법소원(사건번호: 2023헌마973호)청구인에 일반 시민 등 40025명, 남방큰돌고래 100개체, 밍크고래 및 큰돌고래 54개체 포함
2023년 6월 5일	브라질 론도니아주의 과하라-미림 지자체	라제 강을 권리 주체로 인정
2023년	우리나라 제주특별자치도	제주남방큰돌고래의 생태법인 도입을 위한 법 개정 추진
2022년	파나마	자연의 권리법(Rights of Nature Law) 공포
2022년	스페인 의회	메노르 석호와 그 유역에 법 인격 부여(유럽 최초)
2022년	에콰도르 헌법재판소	양털 원숭이 에스트렐리타 사건에서 비인간 동물의 법적 권리 인정 / 몬하스 강과 강이 속한 생태계의 권리 인정

2021년	캐나다 퀘백주 쿠아니시트이누 위원회, 밍가니 지역 카운티 지자체	맥파이(무테쉐카우시푸, Muteshekau Shipu)에 법인격 부여. 9가지 권리가 부여되었고, 권리 보장을 책임질 잠재적 법적 후견인을 지정(캐나다 최초)
2021년	에콰도르 헌법재판소	맹그로브를 위협하는 채취 활동과 관련하여 맹그로브에 대한 자연의 권리를 지지하는 판결 / 세드로스 보호림의 자연적 권리를 확인. 종의 절멸 방지를 위해 보호 지역에서의 채굴 및 모든 형태의 자원 추출 활동 금지
2020년	파키스탄 이슬라마바드 고등법원	비인간 동물의 권리 확인. 마가자르 동물원 독방에 갇혀 있던 아시아코끼리 카반을 보호 구역으로 풀어 줄 것을 명령
2020년	코스타리카의 쿠리다바트	수분 매개자, 나무, 토종 식물에 시민권 부여
2022년	미국 펜실베이니아주 인디애나 카운티 그랜트타운십	지역 자연의 권리법 시행을 위해 주 정부에 압력을 가하는 데 성공(미국 최초)
2020년	에콰도르 헌법재판소	가금류, 양돈 및 농업 회사들에 의한 오염을 통제하기 위해 알파야쿠 강에 대한 자연의 권리 보호를 명령함.
2019년	멕시코 콜리마주 의회	자연의 권리를 인정하는 주 헌법 개정안 승인
2019년	브라질 플로리아노폴리스 지방 자치 당국	자연의 권리를 인정하는 법안 통과
2019년	네덜란드 노르데스트-프리슬란 지방정부	와덴 해(바덴 해, Wadden sea)의 특별한 권리를 부여하는 안건 통과. 생태계 보호를 위한 독립적인 거버넌스 기관 제안
2019년	미국 콜로라도주 덴버	'생존권' 주민투표안 통과. 자연의 권리와 양립 가능한 인권 패러다임 발전
2019년	콜롬비아	플라타 강을 권리의 주체로 인정
2019년	방글라데시 고등법원	강의 법적 권리 인정

2019년	미국 뉴햄프셔주 노팅엄	'화학적 침입'으로부터 자유로울 권리를 포함한 자연의 권리를 보장하는 법 제정
2019년	미국 뉴햄프셔주 엑서터	'안정적이고 건강한 기후 시스템에 대한 권리'를 포함한 자연의 권리를 보장하는 법 제정
2019년	우간다	2019년 국가환경법 제정. 자연이 존재하고, 지속하고, 유지하고, 그 생명 주기와 구조와 기능들 및 진화 과정을 재생할 권리를 갖는다고 인정함.
2019년	미국 오하이오주 톨레도	3년 동안 투쟁해 이리 호(Lake Erie) 권리장전 채택. 미국 최초 특정 생태계의 법적 권리 보장
2017년	미국 오클라호마주의 폰카족	자연의 권리를 인정하는 관습법 채택
2017년	브라질 페르남부쿠주 보니토 지방정부	자연의 권리법 제정. '존재하고, 번성하고, 진화할' 권리 확보
2017년	미국 콜로라도주 라파에트	건강한 기후에 대한 인간과 자연의 권리를 인정하고 화석 연료 추출을 권리 침해로 금지하는 최초의 기후 권리장전 제정
2017년	인도 우타라칸드 고등법원	강가 강과 야무나 강, 빙하 및 기타 생태계의 법인격 인정
2017년	미국 오하이오주 투표위원회	지방 정부가 생태계의 권리를 인정할 수 있도록 하는 주민투표안을 주 헌법 문구로 승인
2017년	미국 오리건 주 링컨 카운티	목재 업계의 산업적 항공 살충제 살포를 금지하는 자연의 권리 법안 승인(2년 시행 후 목재 업계 고소로 2019년 무효 선언, 2020년 항소했으나 2021년 무효 판결)
2017년	멕시코 멕시코시티	시 헌법에 '모든 생태계와 종에 의해 형성된 자연의 권리를 권리의 대상이 되는 집단적 실체로 인정하고 규제'하는 법률 통과 요구
2017년	뉴질랜드 의회	황거누이강에 생태계로서의 법적 지위를 부여하는 테 아와 투푸아 법안(Te Awa Tupua Act) 확정

2016년	미국 뉴햄프셔주	생태계 권리를 인정하는 주 헌법 개정안 도입
2016년	콜롬비아 헌법재판소	아뜨라토 강의 보호, 보존, 유지, 복원에 대한 권리 인정. 원주민과 중앙 정부가 공동으로 강을 보호하는 공동 후견인 설립
2016년	잉글랜드와 웨일즈의 녹색당, 스코틀랜드의 녹색당	자연의 권리 정책 플랫폼 채택
2014년	뉴질랜드 의회	테 우레웨라 법안(Te Urewera Act) 통과. 테 우레웨라 국립 공원을 그 자체로 법적 인정
2013년	미국 뉴멕시코주 모라 카운티 위원회	모라 카운티 커뮤니티 수자원 권리 및 지방 자치 조례 통과
2012년	미국 오하이오주 브로드뷰하이츠	지역 생태계 권리 인정. 화석 연료 기반시설과 폐기물을 금지하는 조례 채택
2011년	에콰도르 로야주 법원	빌까밤바 강이 흐르고 오염되지 않을 권리를 침해하는 행위를 중단하라는 금지 명령
2010년	미국 펜실베니아주 피츠버그시	자연의 권리를 인정하는 지역법 제정. 도시 내 천연가스 추출 금지
2010년	볼리비아 입법회의	'어머니 지구의 권리법' 통과
2010년	볼리비아'기후 변화와 어머니 지구의 권리에 관한 세계 민중 회의'	140개국, 35000여명 참가. '세계 어머니 지구권리' 선언. 어머니 지구를 생명과 존재에 대한 권리를 가진 생명체로 인정하고 인간의 방해 없이 생명 주기와 과정을 지속할 수 있는 권리 인정
2008년	스페인 의회 환경위원회	침팬지, 고릴라, 오랑우탄, 보노보의 생명과 자유, 고문을 받지 않을 권리 보호를 촉구하는 결의안 승인
2008년	에콰도르 헌법 제71조	세계 최초로 자연의 권리 명시
2006년	미국 펜실베이니아주 타마쿠아 자치구	유독성 하수 슬러리 투기를 자연의 권리 침해로 규정하고 금지

8.

자연에게는 있다, 권리가.

🍁 여덟 개의 팔을 가진 선생님을 만나다

아무것도 하기 싫은, 하루하루가 무기력해진 다큐멘터리 감독이 어린 시절을 보낸 남아프리카의 해변으로 향합니다. 오랜만에 거칠고 차가운 바닷속에 몸을 담근 그는 두려움을 느꼈지만, 다시마숲에서 조개와 소라 껍데기를 몸에 붙인 채 잔뜩 몸을 웅크린 문어 한 마리를 만납니다. 그 후 모든 것이 바뀌었지요. 그는 카메라를 들고 매일 문어를 만나러 갔습니다. 문어는 빨판을 내밀어 그를 탐색했고, 그가 문어와 손을 맞잡자 친구로 받아들여요. 둘은 서로 교감하며 우정을 쌓아 갑니다. 문어가 천적을 피해 도망가거나, 큰 상처를 입고 회복하는 과정을 지켜보며 그는 문어에게 삶을 대하는 자세를 배우고, 이를 자기 삶에 적용합니다. 다큐멘터리 영화 〈나의 문어 선생님(크레이그 포스터, 2020년)〉 이야기예요.

우리는 문어, 하면 타코야키, 문어회처럼 음식을 먼저 떠올리는데

익숙한 자연이 문득 낯설게 느껴지는 순간.

영화 속 문어는 바다에 몰려든 물고기들과 장난을 치고, 사람이 자신을 해치지 않는다고 판단하면 얼굴을 기억해서 함께 놀기도 합니다. 또 놀라운 지능을 갖고 있어서 상어가 나타나면 조개나 다시마 껍질을 몸에 붙이고 숨어 있다가, 상황이 불리해지면 재빨리 상어의 등에 올라타요. 위험한 순간에 가장 안전한 방법을 찾아낸 거죠.

니콜라스 벨로노 하버드대학교 교수와 라이언 힙스 UC샌디에이고 교수 연구팀은 세계적인 과학 학술지《네이처》에 문어 빨판에 대한 연구를 발표했어요. 연구팀에 따르면 문어의 빨판에는 '화학 촉각 수용기'라는 단백질이 있어 물질을 가려낼 수 있다고 해요. 마치 혀처럼 빨판으로 모든 걸 만지며 맛보는 셈이지요. 문어는 이런 접촉을 통해 먹을 수 있는 건지, 피해야 하는 상대인지, 놀아도 되는 상대인지를 알아낸다고 해요. 빨판으로 말도 걸고 답도 듣고 친구와 놀며 즐거움을 느끼는 것이지요. 단순한 식재료였던 문어가 지능을 가진 신기하고 낯선 생명체로 느껴지는 순간입니다.

여러분도 자연이 왠지 조금 다르게 느껴진 적이 있나요? 보통 자연은 우리에게 너무 익숙해서 아예 인식하지 못하는 경우가 많아요. 그렇지만 나무, 곤충, 흙, 물, 바위의 모습과 소리, 냄새가 갑자기 또렷하게 다가와 낯선 감각을 느꼈던 순간이 종종 있지 않았나요? 늘 내 곁에서 같이 삶을 나누는 반려동물이 문득 다른 존재로 느껴졌던 순간도 분명 있었을 거예요. 이처럼 익숙한 자연이 낯설게 느껴지는 순간, 우리는 자연을 하나의 '존재'로 새롭게 보게 돼요. 배경처럼 스쳐 지나

가던 자연이 우리와 어떤 '관계'를 맺을 수 있는 '누군가'처럼 다가오
는 그런 순간, 자연은 문어처럼 인간에게 선생님이 될 수도 있어요.

여러분도 잠시 글 읽기를 멈추고, 지난 경험 속에서 작은 낯섦을 떠
올려 본 다음 짧게 메모를 남겨 보면 어떨까요?

🍁 모든 존재의 첫 시작점으로 거슬러 올라가 본다면

지금부터 우리는 자연과 인간이 어떤 관계를 맺고 있는지 새롭게
살펴볼 거예요. 물론 여러분은 '인간과 자연이 오랫동안 서로 영향을
주고받았다.', '인간이 자연을 지배했다.', '인간은 자연을 보호한다.' 등
등 인간과 자연의 관계에 대한 이야기를 많이 들어 왔을 거예요. 하지
만 앞으로 나눌 이야기는 그보다 더 과학적으로 한 걸음 더 나아간 이
야기랍니다.

우리 몸은 물질로 이루어져 있어요. 물질은 모두 원자로 구성되어
있고요. 우리가 살아가기 위해 필요한 음식도, 우리가 딛고 선 흙과 바
위도, 달도, 태양도 모두 원자로 구성되어 있어요. 당연히 우리 몸도
산소, 탄소, 수소, 질소, 칼슘, 인 같은 다양한 원소로 이루어져 있어요.
분자로 보면 물, 단백질, 지방, 탄수화물 등으로 구성되어 있고요. 우리
와 자연이라는 존재, 그리고 인간과 자연의 관계를 설명하기 위해서는
이 원소들의 기원에 관한 이야기가 꼭 필요합니다. 이야기는 우주 탄

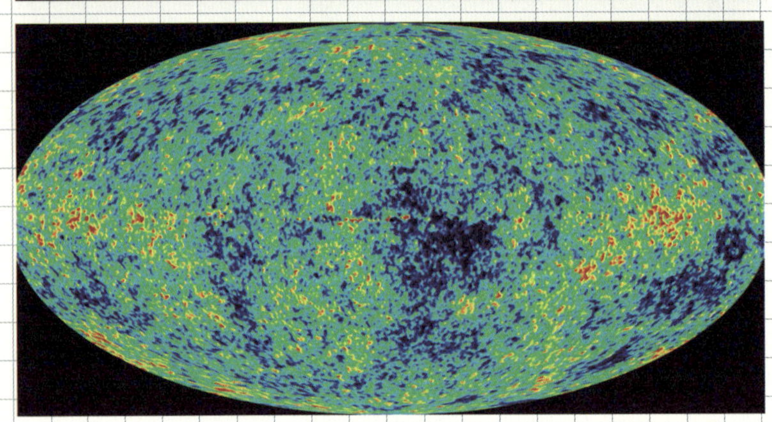

위 빅뱅 후 우주의 팽창과 은하 형성 과정을 보여 주는 우주 진화 모형.

아래 138억 년 전 빅뱅 직후의 온도 흔적을 담은 우주배경복사 지도.

생의 순간부터 시작되지요.

1929년 미국의 천문학자 허블은 우주가 팽창하고 있다는 사실을 밝혀냈어요. 은하가 우리에게서 멀어지고 있고, 그 속도는 거리에 비례해서, 멀리 있는 은하일수록 더 빠르게 멀어지고 있다는 ‘허블 법칙’을 발견한 거예요. 이 말은 시간을 거슬러서 과거를 돌아보면, 은하들이 예전에는 지금보다 서로 훨씬 더 가까이 붙어 있었다는 말이 돼요. 그렇게 더욱 시간을 거슬러 올라가면, 과거 어느 순간에는 우주에 있는 모든 은하가 한 점에 모여 있었다는 결론과 마주하게 됩니다. 빅뱅 이론은 이렇게 탄생했어요. 빅뱅 이론은 현재 우리 우주의 기원을 가장 잘 설명하는 이론으로 받아들여지고 있습니다.

그 후 인류는 우주가 138억 살이며, 계속해서 팽창하고 있고, 팽창하는 속도가 점점 더 빨라지고 있다는 것을 알아냈지요. 그렇다면 빅뱅 이후 지금의 우주는 어떤 과정을 거쳤는지 살펴볼까요?

우주는 탄생한 바로 그 순간에는 하나의 아주 작고 밀도가 무한히 높은, 뜨겁고 압축된 특이점 상태였기에 에너지만 존재했어요. 하지만 우주가 팽창하기 시작하면서 온도가 낮아지자, 가장 간단한 입자인 쿼크, 글루온, 전자들이 생겨났어요. 쿼크들이 충돌과 소멸을 반복하며 조금 더 복잡하고 새로운 입자인 중성자와 양성자가 만들어졌고요. 시간이 조금 더 흘러서 우주가 더 많이 팽창하고 온도도 더 낮아지면서, 중성자와 양성자가 결합해 수소 원자핵과 아주 소량의 헬륨 원자핵이 만들어졌어요. 이 모든 일은 우주가 생겨난 지 약 3분 정도 사이에 일어났답니다.

그 후로 우주는 양성자와 중성자, 전자가 뒤섞인 상태로 약 38만 년 동안 식어 가면서, 전자들이 원자핵과 결합하며 원자를 계속 만들어 냈어요. 이때 만들어진 원자들의 질량을 계산해 보면, 대략 75퍼센트가 수소이고 25퍼센트가 헬륨이에요. 그리고 아주 소량의 리튬도 생겨났어요.

빅뱅 이후 3~5억 년 정도 지났을 무렵 별들이 탄생했어요. 별들이 모여 작은 은하가 만들어졌고, 은하들이 서로 충돌하고 결합하면서 더 큰 은하들이 만들어졌어요. 우리은하는 빅뱅이 일어나고 8억 년 후에 태어났어요. 우리은하가 탄생한 시점으로 거슬러 올라가도 아직 태양을 볼 수는 없어요. 태양이 탄생하려면 60억 년 이상을 더 기다려야 하지요. 태양뿐만 아니라, 우리 몸을 구성하는 원소도 아직 우주에 나타나지 않았어요.

우리 몸을 구성하는 다양한 원소들은 별에서 만들어졌어요. 별의 중심은 온도와 압력이 엄청나게 높아 핵융합 반응이 일어나요. 여기에서 원자핵과 원자핵이 만나 더 무거운 원자핵이 만들어지면서 새로운 원소가 생겨나지요. 수소들이 만나면 헬륨이, 헬륨들이 만나면 탄소가, 탄소와 헬륨이 만나면 산소가 만들어지는 등 이런 과정이 끊임없이 일어나고, 그 과정에서 줄어든 질량만큼이 에너지로 전환되어 별은 열과 빛을 내는 거예요.

태양처럼 작은 별들은 수소들을 모두 헬륨으로 바꾸고 나면 죽게 돼요. 반면에 태양보다 더 무거운 별들은 핵융합 반응을 통해서 탄소, 질소, 규소는 물론 무거운 철까지 만들어 내요. 별도 인간처럼 태어나고 죽는 삶의 주기가 있는데, 아주 무거운 별은 죽을 때가 되면 초신성 폭발을 일으켜 더 무겁고, 더 다양한 원소들을 만들어 내어 온 우주에 흩뿌립니다. 주기율표 27번인 코발트부터 92번 우라늄에 이르는 무거운 원소들은 초신성 폭발에서 나오는 어마어마한 에너지 덕분에 만들어질 수 있었어요.

우리와 다른 생명체의 몸도, 우리를 둘러싼 자연도, 지구도, 우주도 결국 모두 이 원소들로 이루어져 있어요. 우리를 포함하는 모든 생명과 자연, 그리고 우주 전체는 빅뱅에서 비롯된 자손들이라고 말할 수 있지요.

🍁 똑같은 물질로 만들어진 우주, 별, 지구 그리고 우리

지금으로부터 약 46억 년 전에 태양이 탄생하고, 지구나 화성 같은 태양계 행성들이 만들어졌어요. 약 45억 년 전에는 지구의 3분의 1 정도 크기인 원시 행성 하나가 지구를 향해 달려와 충돌했어요. 충돌 후 남은 큰 덩어리는 지구의 일부가 되었고, 나머지는 지구의 일부와 함께 떨어져 나가 달이 되어 지구 주위를 돌게 되었어요. 충돌의 충격으로 지구는 기울어졌고 덕분에 태양빛이 위도에 따라 다르게 도달해 우리는 사계절을 볼 수 있게 되었답니다. 뜨거웠던 지구가 천천히 식는 사이에 물이 생겼고, 드디어 생명체가 모습을 드러냈습니다.

38억 년 전 지구에서 최초의 생명체가 어떻게 생겨났는지는 누구도 정확히 몰라요. 그러나 어디에서 태어났는지에 대해 과학자들이 짐작하는 유력한 후보지가 있어요. 원시 생명체가 등장했던 시기에는 대기 중에 산소가 매우 희박해서 오존층도 존재하지 않았어요. 따라서 태양으로부터 자외선이 그대로 직접 지구에 쏟아져 들어왔고, 생명체는 깊은 바닷속에서만 생존할 수 있었어요. 깊은 바닷속에는 지각을 이루는 구조판에 균열이 생겨서 마치 작은 화산처럼 고온의 물과 광물이 뿜어져 나오는 열수 분출공이 있는데, 바로 여기가 생명체 탄생의 비밀을 품고 있지요.

높은 압력과 뜨거운 온도를 가진 열수 분출공 환경은, 유기물 사슬의 합성 속도를 분해 속도보다 빠르게 만들어요. 그래서 과학자들은 이곳에서 생명체의 복잡성이 높아지는 방향으로 화학 반응이 일어났을 거라고 추측해요. 초기 생명체는 효소 작용을 하는 단백질이나 생명의 설계도 역할을 하는 DNA를 갖지 못한 대신, 두 가지 역할을 다 할 수 있는 작은 RNA 조각이 세포막에 싸인 형태였을 거라고 추측하고요. 사실 누구도 보지 못한 과거를 과학적 원리로 유추한 것이기에 사실과 얼마나 맞을지는 몰라요. 다만 과학자들은 여러 조건들을 살펴서 타당하다고 판단하면 실험을 통해서 이를 치밀하게 확인해요. 이

가설 역시 초기 지구와 최대한 같은 환경을 인위적으로 만들어서 수많은 실험을 통해 얻어 냈답니다.

🍁 지구 환경과 생명이 서로 주고받으며 만드는 생명의 그물

물질과 에너지가 풍부한 곳에서 탄생한 생명체가 주변의 다른 지역으로 퍼져 나가려면 무엇이 필요할까요? 바로 환경에 맞춰 영양분을 획득하고 번식할 수 있는 수단이 있어야 해요. 그럼 그걸 어떻게 얻을 수 있었을까요? 특별한 방법이 있지는 않아요. 생명체는 세포 분열 과정에서 유전 물질을 복제하는데, 그 과정에서 돌연변이가 발생합니다. 생명체의 유전 정보에 변이가 발생하면 사소하게 다른 특징을 가진 여러 개체가 생겨 나는데, 그들 중에서 우연히 그 지역 환경에 적합한 개체가 있어, 그들이 살아남는 것뿐이에요. 이 과정이 바로 '진화'예요. 새로운 생물체의 출현과 확산은 생물학적 진화로 가능했어요.

뜨거운 곳에서 발생한 최초의 생명체는 다양한 에너지원을 활용하도록 진화하며, 고유한 화학 반응을 만들어 냈어요. 영양분이 풍부한 지역을 찾을 수 있도록 화학적 자극에 반응하는 감각이 발달하거나, 이동이 가능한 편모가 발생했지요. 에너지를 얻는 방법이 달라지기도 했는데, 다른 생명체를 통해서 양분을 취하는 단세포 생물과 태양의

위 대서양의 열수 분출공.　　**아래** 몬테비데오 자연사 박물관의 생명 진화 나무.

빛에너지를 활용해서 양분을 생산하는 생물이 생겨났어요. 약 30억 년 전쯤에는 광합성을 할 수 있는 시아노박테리아가 출현해 포도당과 산소를 만들어 내기 시작했지요.

시아노박테리아는 이후 6억 년 정도에 걸쳐 산소를 뿜어내며 지구 대기 속 산소 농도를 서서히 높였어요. 지구 생물 역사에서 큰 전환점을 가져온 이 사건을 '대산소화'라고 불러요. 높아진 산소 농도가 생물체의 변화에 큰 영향을 주었거든요. 이 사례에서 보듯, 지구 환경이 생명을 변화시키기도 하지만, 생명 역시 지구 환경을 바꾸기도 해요. 생명이 처음 탄생했을 때부터 지금까지 지구와 그 안에서 살고 있는 생명체는 서로 영향을 주고받으며 변화해 왔어요. 이것은 우리가 일상에서 가깝게 느끼기는 어렵지만, 지금도 계속 일어나고 있는 현상이에요. 그래서 지구 환경과 생명이 맺고 있는 관계는 좋다, 나쁘다 딱 떨어지게 말할 수 없습니다.

예를 들어 산소는 오늘날 우리가 숨을 쉴 때 고마운 존재지만, 대산소화 당시의 생명체에게는 매우 위험한 물질이었어요. 산소는 다른 물질과 반응을 아주 잘해서 독처럼 작용하기도 하니까요. 대기 중의 산소량이 증가하는 것이 생물들에게는 오히려 죽음과 가까워지는 일이기도 했어요. 하지만 어렵고 힘든 상황이 기회일 수 있다는 말처럼, 산소를 활용해 에너지 효율을 높이면서 생존하는 단세포 생물(알파프로박테리아)이 나타났답니다.

🍁 우리는 공생 관계로 연결된 존재

생명체의 도약은 이제 한 번 더 일어나게 됩니다. 처음 생겨난 생명체들은 몸이 하나의 세포로 되어 있었고, 안에 DNA 같은 유전 물질과 생명 활동을 도와주는 물질이 그 세포 안에 섞여 있는 원핵 세포였어요. 그러던 어느 날 어떤 원핵 세포가 산소를 이용해 에너지를 내는 알파프로박테리아를 꿀꺽 먹어 버립니다. 그런데 잡아 먹힌 박테리아가 원핵 세포 안에서 죽지 않고 살아남았어요. 원핵 세포의 소화 불량으로 뜻하게 않게 공생이 시작된 거예요. 잡아먹힌 박테리아는 세포에 에너지를 공급해 주는 대신 영양분을 받으면서, 점점 세포의 일부로 변해 갔어요. 그렇게 해서 박테리아는 지금의 세포 속 미토콘드리아가 되었고, 박테리아를 잡아먹은 원핵 세포는 막으로 둘러싸인 '핵'이라는 중요한 구조를 가진 진핵 세포가 되었어요.

그후 진핵 세포는 다른 박테리아를 한 번 더 먹어 버리는데, 바로 광합성을 할 수 있는 시아노박테리아였지요. 그리고 또 다시 소화 불량에 걸려서 시아노박테리아를 세포 안에 품게 되었고, 이 박테리아는 엽록체라는 세포 소기관이 되었지요. 그 결과 오늘날의 식물 세포가 만들어졌어요.

미국의 미생물학자 린 마굴리스는 '공진화(Co-evolution, 두 개 이상의 종이 서로 영향을 주며 함께 진화하는 것)'라고 불리는 이 과정을 처음으로 밝혀냈어요. 단순한 박테리아가 세포 소기관을 갖는 복잡한 세포로, 핵이 없는 원핵 세포가 핵이 있는 진핵 세포로, 단세포 생물이 다세포 생물로 진화하게 된 과정은 모두 소화 불량이 불러온 공생에서 비롯되었어요. 이를 '공생 진화(Symbiotic evolution, 두 생물이 합쳐지며 진화하는 것)'라고 해요.

먹고 먹히는 관계에서 시작된 공생 진화를 실제로 관찰한 사람이 있어요. 한국계 미국인 생물학자인 전광우 박사예요. 그는 테네시대학교 연구실에서 실험용으로 배양하던 아메바가 치명적인 박테리아에 감염되어 대부분 죽어 버린 것을 발견하고는, 그중 살아남은 아메바만 골라 다시 배양했어요. 이때 아메바 속에 있는 박테리아를 제거해 버렸고요. 아메바는 어떻게 되었을까요? 모두 죽어 버렸답니다. 아메바와 박테리아는 어느새 한 몸이 되어서 공생하고 있었기 때문에 박테리아를 없애니 아메바도 죽고 말았던 거예요. 둘은 서로에게 꼭 필요한, 한 몸 같은 관계가 된 것이지요. 하나의 세포조차 함께 존재하는 관계인 공생을 바탕으로 살아간다는 사실을 알게 된 순간이지요.

🍁 풍성하게 펼쳐진 생명의 나무

미토콘드리아가 생겨 에너지 효율을 높일 수 있게 된 진핵 세포는, 원핵 세포보다 훨씬 더 많은 에너지를 쓸 수 있게 되었어요. 덕분에 진핵 세포는 10억 년 동안 다세포 생명체로 진화하며 다양한 생존과 번식 전략을 가지게 되었어요. 그 결과 생명체의 다양성을 크게 높일 수 있었지요. 약 5억 4천만 년 전 일어난 캄브리아기 대폭발은 종 다양성의 전환점이었습니다. 해양 생물의 종류와 숫자는 급속도로 다양해졌고, 뼈대나 눈과 같은 복잡한 신체 구조를 가진 동물들이 등장했어요. 이들 중 일부는 척추동물로 발전했는데, 최초의 척추동물로 진화한 바닷속 물고기들이 수생 환경을 매우 풍성하게 만들었어요. 이때 폭발적인 진화가 가능했던 것은 지구에 산소 농도가 증가해서 사용할 수 있는 에너지가 많아진 데다, 대륙의 풍화 작용으로 바다에 인과 칼슘이 많이 녹아들어 단단한 골격을 만들 수 있는 환경이 되었기 때문이에요.

생명이 육지에 진출하려면 양분을 스스로 공급할 수 있어야 하므로, 땅 위로 올라간 첫 번째 생명체는 당연히 광합성을 하는 식물이었어요. 최초의 육지 식물은 이끼류로, 바닥에 물기가 충분한 곳에서만 살 수 있었지만 줄기를 위로 올려 물 밖으로 나가서 광합성을 했지요. 식물이 점차 육지에 자리를 잡자, 식물을 먹거나 식물을 숙주 삼아 기생하는 동물도 육지로 진출했어요.

약 3억 7천 5백만 년 전, 어류에서 진화한 동물이 상륙해서 양서류와 파충류, 포유류의 조상이 되었어요. 양서류는 여전히 물에서 번식했기에 물가에서 멀리 벗어나지 못했지만, 파충류와 포유류는 건조한 육지에 맞는 신체 구조와 번식 방법을 발명해 물에서 멀리 떨어진 영역까지 진출할 수 있었습니다.

파리 국립자연사박물관의 2024년 '진화' 대전시.

생물이 육지를 정복하면서, 생물 진화의 중심지가 해양에서 대륙으로 옮겨 갔고, 대륙에는 다양한 식물과 동물이 번성했어요. 식물이 뿌리를 내리면서 토양은 생명의 공간이 됐고, 육지에 자리를 잡은 동물과 식물 사이에는 먹고 먹히는 포식 관계와 공생 관계가 생겨났지요. 나무의 출현과 번성은 새로운 거주 환경을 제공해 수많은 곤충과 영장류의 진화로 이어졌어요. 꽃을 피우고 열매를 맺는 속씨식물의 진화는 동물과 식물이 협력 관계를 맺을 수 있게 해 주었어요. 열매를 먹은 동물은 이동해 배설하며 씨앗을 멀리 퍼뜨립니다. 동물이 먹이를 얻은 대가로 식물의 번식을 돕는 것이지요.

약 600만 년 전에 일부 영장류가 직립 보행을 시작하면서, 인류 조상인 호미닌의 진화가 시작되었어요. 이들은 큰 두뇌를 사용해서 도구를 사용하고 사회적 행동을 발전시켰어요. 그리고 약 30만 년 전, 드디어 지구상에 우리, 즉 호모 사피엔스가 등장하게 됩니다. 지구의 역사에서 보면 우리는 그야말로 '방금' 전에 등장한 거예요.

지금까지 지구상에 생명체가 출현해서 인간인 우리가 등장하기까지의 과정을 간략하게 설명했어요. 그런데 이때 흔히 오해하기 쉬운 게, 진화를 마치 우리 호모 사피엔스를 탄생시킬 목적으로 일어난 과정처럼 받아들인다는 점이에요. 진화가 하나의 방향을 향해서 일직선으로 이루어졌다고 생각하는 것이지요. 진화를 인간 중심으로 바라볼 때 빠지기 쉬운 함정이에요.

하지만 진화는 어떤 더 나은 존재를 위해 한 방향으로 나아가는 진보가 아니라 다양성이 증가하는 과정이에요. 즉 생명체의 형태, 특징, 살아가는 방식 등이 점점 더 다양해지고 풍성해지는 과정이랍니다. 만약 진화를 통해서 현재 지구에 살아남은 것이 인간 딱 한 종이라면 진화를 진보라고 볼 수도 있겠지만, 지구에서는 수십억 년 동안 바이러스부터 박테리아, 소나무, 문어, 쥐, 침팬지까지 다양한 생물종이 각자 고유한 방식으로 태어나 성장하고 번식하며 생존해 왔어요. 찰스 다윈은 『종의 기원』에서 진화론은 자연 선택과 환경에 대한 적응의 결과로 나타난 '생명의 다양성'을 설명하는 이론이라고 이야기했어요. 그는 인간을 포함한 모든 생명체가 공통 조상에서 진화했다고 가정하고, 이 생각을 '생명의 나무'로 표현했지요. 과학자들은 새롭게 발견된 과학적 사실을 근거로 더 정확한 '생명의 나무'를 그려 낼 수 있었어요.

다음 쪽에 있는 생명의 나무 그림을 보면, 중심에서 바깥으로 갈수록 지구의 탄생에서 현재로 이어지는 시간의 흐름을 나타내고 있어요. 그림 속에서 뻗어 나가던 가지가 중간에 끊긴 부분은 멸종한 생명체, 새로운 가지가 다시 뻗어 나가는 모습은 새로운 종의 탄생을 뜻하지요. 가지들이 시간을 따라 뻗어 나가며 여러 종으로 분화해 풍성해진 결과가 바로 지구 생명의 역사예요. 바깥도 둘러볼까요? 가장 바깥에 펼쳐진 가지들은 지금 이 순간 지구 위에 함께 살아가는 생명체들을 보여 줍니다. 엄청나게 다양하죠? 그중에 인간이 보이나요? 가장 오른쪽 끝에 위치한 아주 자그마한 가지 하나. 그게 바로 우리 인간이에요. 거대한 생명의 나무에서 인간은 하나의 작은 가지에 불과해요.

흔히 인간은 지능, 언어, 도구를 사용하기 때문에 다른 생명체보다 우월하다고 생각하기 쉬운데, 이런 특성 역시 특정 환경에 적응하기 위한 진화의 산물일 뿐이에요. 더욱이 지능은 인간에게만 주어진 특성이 아니랍니다. 돌고래, 까마귀, 문어, 코끼리 같은 종들도 놀라운 문제 해결 기술이 있고 사회적 행동을 하고 심지어 도구도 사용해요. 이 사실은 지능도 종에 따라서 다양한 형태로 진화했다는 것을 보여 줘요.

인간을 지구에서 '가장 진화된 종'으로 보는 건 수십억 년 동안 생

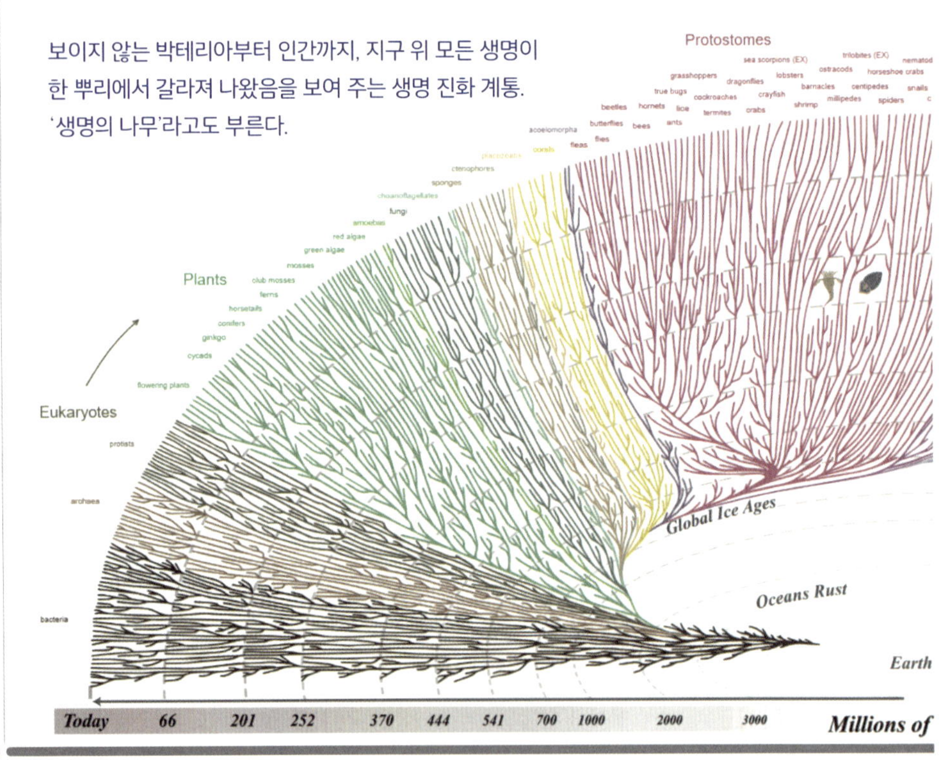

보이지 않는 박테리아부터 인간까지, 지구 위 모든 생명이 한 뿌리에서 갈라져 나왔음을 보여 주는 생명 진화 계통. '생명의 나무'라고도 부른다.

존하며 번성해 온 박테리아나 바이러스 같은 단순한 유기체의 엄청
난 성공을 완전히 무시하는 거예요. 진화에서 성공은 뛰어난 지능이
나 높은 복잡성이 아니라, 환경에 맞게 생존하고 번식하는 능력이랍니
다. 예를 들어 박테리아나 바이러스 같은 단순한 유기체는 믿을 수 없
을 만큼 회복력이 뛰어나, 지구상의 거의 모든 환경에 적응해 살아남
아 왔어요.

진화를 이해하면 이 세계가 인간이 가장 꼭대기에 있는 사다리가

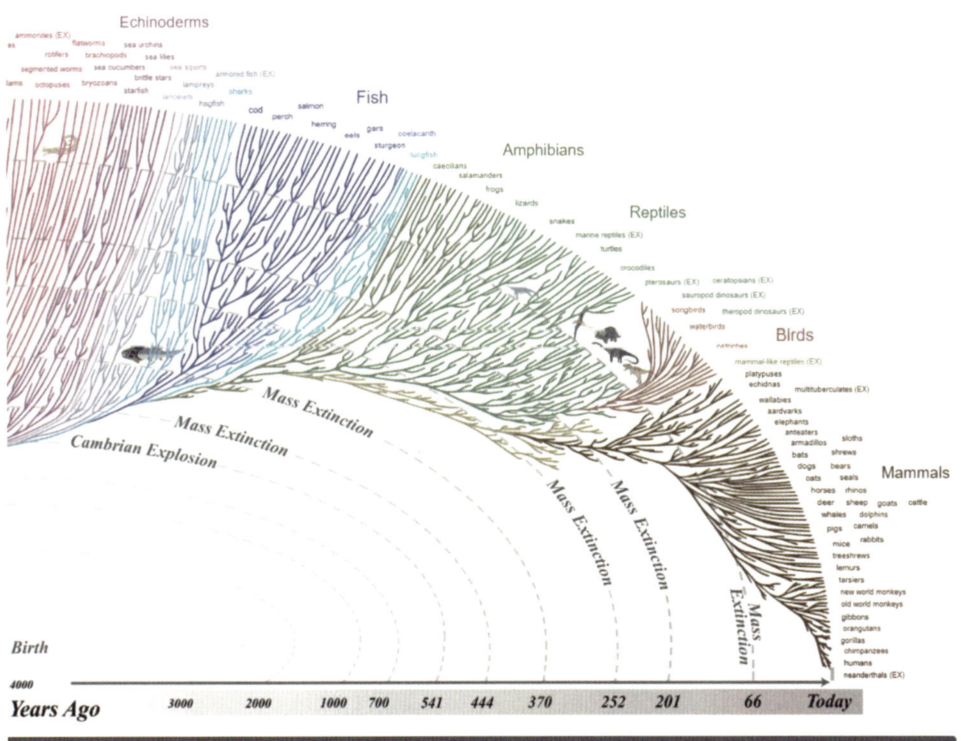

아니라, 수많은 가지로 연결된 풍성한 나무라는 것을 알 수 있어요. 놀랍게도 이 나무의 시작점은 하나이고, 우리는 하나의 뿌리에서 가지쳐 나온 자손들입니다. 이제 생명의 나무가 제대로 보이나요? 조금 다르게!

🍁 한 그루의 나무에 달린 가지 끝에서!

생명의 역사에서 각각의 생명체들은 서로 무관하게 따로따로 살아가는, 독립적이고 개별적인 존재들이 아니에요. 오히려 환경 변화에 따라서 경쟁하거나 협력하며 복잡하게 얽혀 살아가는 다 같은 생태계의 구성원이에요. 이런 과정은 지금 이 순간에도 진행되고 있지요.

약 30만 년 전, 아프리카에서 우리들의 직계 조상 호모 사피엔스가 나타나, 주로 사냥과 채집을 하면서 겨우 생존하기 시작했어요. 하지만 뇌가 발달하면서 언어를 사용하고 협업하는 능력이 생겨, 이를 바탕으로 다양한 환경에 적응할 수 있게 되었지요. 약 7만 년 전, 아프리카를 떠난 사피엔스는 지구 곳곳으로 퍼져 나가 새로운 환경에 맞춰 기술을 발전시키면서 살아남았어요. 하지만 과도한 사냥과 서식지 파괴로 많은 동물을 멸종시키기도 했어요.

사피엔스는 약 1만 년 전, 사냥과 채집 대신 곡식을 기르고 가축을 키워 먹고사는 농업 혁명을 이루었어요. 그 결과 정착 생활을 하게 되었고 문명과 도시를 발달시켰지만, 자연환경도 훼손하기 시작했어요. 자연에 기대어 살아가는 일부 집단이 공존을 위한 다양한 방법을 모색하기도 했지만요.

그러다 18세기 산업 혁명을 계기로 지구 생태계에 급격한 변화가 일어나고 말았습니다. 과학 기술의 발달로 기계나 화석 연료와 같은 강력한 도구를 사용하게 된 사피엔스, 즉 우리 인간은 숲과 강을 망가뜨리며 도시와 도시를 잇는 수많은 길을 냈어요. 뿐만 아니라 무분별한 자원 개발과 대량 생산으로 지구의 온도를 급격히 올리는 길도 내버리고 만 거예요.

기술은 새로운 기술을 낳아서 인간은 다양한 화학 물질도 개발해 냈어요. 지구의 생명과 물질을 더욱 쉽고 빠르게 원하는 방식으로 변형하고 조절할 수 있게 된 거예요. 그런 일들이 지구 환경과 생명 시스템에 어떤 부작용을 일으킬지 정확히 예측할 수 없다는 걸 알면서도, 멈추지 못하는 기차처럼 기술을 계속 발전시켜 세상을 바꾸고 뒤흔드는 것들을 계속 만들어 내고 있어요. 예를 들어 제초제는 원하는 작물만 키워 내고, 다른 식물은 죽이는 화학 물질이에요. 하지만 제초제는 쓸모없는 식물만 죽이지 않고 주변의 물과 땅과 그곳에 사는 다양한 생물들과 심지어 우리 호모 사피엔스까지 죽일 수 있어요. 그것도 아주 오랜 시간 동안요. 무서운 말이지만, 묻지 않을 수 없어요. 죽일 수도 있는 이 '쓸모'는 누가 정하는 것일까요? 무엇이 '쓸모'의 기준이 되어 쓸모없는 존재들을 죽이는 것일까요?

🍁 지구 공동체가 낯설긴 합니다만

과학 고전인 『코스모스Cosmos』를 모르는 사람은 없을 거예요. 『코스모스』는 천문학자 칼 세이건이 직접 기획하고 진행한 과학 다큐멘터리를 바탕으로 만들어진 책이지요. 2014년, 칼 세이건의 제자이자 천체물리학자인 닐 디그라스 타이슨은 최신 과학 성과를 반영해 〈코스모스: 스페이스타임 오디세이〉를 진행하며 이런 이야기를 했어요. 사람들은 밤하늘을 올려다보며 자신이 우주의 일부라고 느끼지만, 그보다 더 중요한 건 우리 안에 우주가 있다는 사실을 아는 거라고요. 광대한 우주와 비교해 인간은 너무 작다고 느끼지만, 그는 반대로 스스로를 정말 큰 존재라고 느낀다고 해요. 왜냐면 우리 몸을 이루는 원자들이 별에서 왔기 때문이지요.

우리 몸이 먼 옛날 별에서 만들어진 원자로 구성되었는 사실은, 우리가 단순히 우주에 속해 있는 존재를 넘어 우주와 깊이 연결되어 있는 존재라는 것을 의미합니다. 타이슨은 말합니다. 사람은 누구나 이 세상과 이어져 있다는 느낌을 원하고, 어떤 더 큰 흐름 속에 자신이 속해 있기를 바라며, 그런 연결감이야말로 우리가 살아 있음을 실감하게 해 주는 본질적인 감각이라고 말이에요. 그렇기에 내가 우주와 연결되어 있음을 느끼는 일은, 과학적 사실을 아는 것을 넘어 내가 우주와 지구와 세상의 일부라는 사실을 깨닫는 일이기도 해요.

나를 태어나게 한 존재가 부모님이 아니라 우주였다는 사실을 알고

인간, 자연, 우주를 이루는 원소는 같다.

나니 어떤가요? 출생의 비밀이 드러난 막장 드라마 같나요? 우리 몸뿐만 아니라 지구도, 지구에 살고 있는 모든 생명과 물질도 빅뱅의 산물인 원자로 이루어져 있어요. 지구에 있는 모든 것들은 우주라는 공간에서 함께 태어나 물질을 공유하는 관계인 거예요. 지구 밖에 있는 달, 별, 은하는 말할 것도 없고요.

우리의 몸이 원자로 되어 있다는 것과 관련해 흥미로운 사실이 있어요. 우리 몸을 이루고 있는 원자들은 끊임없이 새로운 원자들로 교체되고 있다는 점이지요. 살아 있는 모든 것은 환경으로부터 물질과 에너지를 주고받으며 끊임없이 대사 작용을 해요. 그 과정에서 우리 몸의 조직과 기관은 그 형태를 유지하지만, 세포를 구성하는 원자들은 새로 유입된 원자들로 계속 바뀌어요. 피부의 각질이나 머리카락처럼 몸의 모든 세포가 늘 새로 만들어진 세포로 교환되는 거예요. 인간은 어떤 고정된 물질 그 자체가 아니라, 몸속 물질과 몸 밖 지구의 물질들이 서로 돕고 보완하면서 작동되는 어떤 상태로 볼 수 있어요.

이처럼 인간과 지구의 자연은 서로 협력 관계랍니다. 인간은 다른 생물을 지배하는 존재가 아니에요. 인간과 자연은 지구 공동체 안에서 서로 영향을 주고받는 운명 공동체입니다. 지금처럼 인간이 필요 이상으로 많이 생산하고 소비하는 방식은 지구 공동체를 오염시키고 훼손하고 있어요. 인간이 자연을 외부자의 시선으로 보지 않고 함께 연결된 존재임을 자각할 때, 무너진 지구 시스템을 조금씩 회복시킬 수 있을 거예요. 지구에서 살고 있는 생물과 무생물을 언제나 가져다 쓸 수 있는 수단이나 도구, 자원으로 생각하는 한 '갖고 싶고 먹고 싶다'는 욕망에서 한 발짝도 물러서기 어려울 수 있어요.

우리 인간은 당연히 욕구를 채우는 것을 좋아하는 존재입니다. 갖고 싶고, 먹고 싶고, 보고 싶은 것이 너무나 많지요. 그런데 지금 인류가 살아가는 방식은 자연은 물론 우리 스스로도 불행하게 만들고 있어요. 플라스틱 문제만 봐도 금방 알 수 있어요. 지금 여러분 책상 위에 플라스틱으로 만들어진 물건들이 몇 개나 있나요? 그 물건들이 전부 꼭 필요한 것들인가요? 아마 아닐 거예요. 편해서, 예뻐서, 남들이 다 사니까, 혹은 누가 줘서 가지게 된 것들이겠지요. 이렇게 쌓인 것들이 지구를 오염시키고 생명을 괴롭히고 결국에는 우리 몸속에 미세 플라스틱으로 쌓이고 있잖아요.

그래서 지구에 살고 있는 모두를 위해서 누군가 지구 공동체를 훼손시킬 때 합의해 이를 막을 수 있는 강제적인 힘이 필요해요. 예를 들어, 집을 지으려 땅을 파다가 유물이 나왔다고 생각해 봐요. 당연히 공사를 멈춰야 하지요. 하지만 당장 집을 지어야 하니, 눈 딱 감고 유물을 다시 땅에 파묻어 버린 다음 공사를 계속하고 싶은 마음도 들 거예요. 자발적으로 멈출 수 있다면 좋겠지만, 그게 어렵다면 '매장 문화재 보호 및 조사에 관한 법률'처럼 법의 힘이 필요하겠지요? 공사를 금지하고 유물을 보존하고 집주인에게 보상도 해 주는 법 덕분에 귀한 유물이 보존되듯이, 우리를 포함한 자연과 함께 살기 위해서는 자연의 권리를 법으로, 즉 강제적으로 인정해야 하지 않을까요?

기후 행동 집회에 참여한 누군가의 메시지.

🍁 자연의 권리 위에서 우리,
   지구와 잘 지낼 수 있을까요?

자연에 존재하는 모든 것들은 '존재하기' 때문에 '권리'가 있어요. 지구 공동체의 모든 구성 요소들은 각자의 존재 방식과 지구에서의 역할에 따른 고유한 권리를 갖고 있어요. 산과 나무가 건강하고 푸르게 존재할 권리, 강이 깨끗하고 자유롭게 흐를 권리, 파도가 멋지게 부서질 권리, 사슴과 산양이 자유롭게 살아갈 권리처럼요.

때문에 인간에게만 권리가 있다고는 말할 수 없어요. 인간의 권리도 과거에 노예, 여성, 장애인이 그랬던 것처럼, 시간을 통과하며 확장되어 왔어요. 말하지 못하는 동물의 권리도 인정하기 시작한 지금, 말 못하는 자연의 권리에 대한 생각도 분명 변화할 거예요.

우주적 존재로서 인간은 지구 공동체와 깊이 연결되어 있어요. 지구 공동체를 회복하고, 자연과 인간이 함께 살기 위해서 자연의 권리를 이야기하는 것이 지금은 낯설고 어색할 수 있어요. 하지만 우리는 지금 변하지 않으면 안 되는 전환점에 있습니다. 그래서 눈에는 잘 보이지 않지만, 지구 공동체에서 모든 존재가 연결된 관계 속에 있다는 것을 느끼고, 확인하고, 표현하면서 그 관계를 잘 유지할 방법을 함께 찾아가면 좋겠어요.

우리는 앞에서 문어가 먹는 음식이 아니라 우정의 대상이 될 수 있다는 이야기를 나누었어요. 여러분도 오늘 식탁에 올라온 음식을 돈을 주고 샀으니 당연히 내 맘대로 마음껏 먹는다고 생각할 수 있어요. 그러나 자연이 길러 낸 생명의 선물이 식탁 위에 있다는 마음으로, 이 음식으로 내가 지구와 자연과 연결되어 있다는 감각을 느끼면서 먹을 수도 있지요. 이처럼 우리에겐 다른 관점이 필요해요.

아침 등굣길에 만나는 나무, 혹은 보도블록 사이로 빠져나온 흙에 눈길을 줄 수도 있어요. 나무와 흙을 자세히 보고 사진을 한 장 찍는 것만으로도 특별한 연결과 교감의 순간을 만들 수 있어요. 이런 일들이 낯설지요? 어색하기도 하고요. 맞아요! 하지만 이런 과정을 통해 자연과 나 사이의 관계를 새롭게 느끼게 되면 자연이, 지구가, 우주가 다르게 보이기 시작할 거예요, 분명히!

지금부터 인간과 자연, 인간과 지구의 관계를 새롭게 바라보는 이 낯선 경험을, 함께 시작해 볼까요?

출처

출발
- UN Climate101 Project

1장
- wikimedia
- UN HumanRights

2장
- unsplash, joshua earle
- wikimedia

3장
- wikimedia

4장
- 국민일보

5장
- 국민권익위원회
- NASA
- unsplash, karsteu winegeart
- unsplash, Emoir kandil
- wikimedia

6장
- 국립생태원
- unsplash, Ra Dragon
- 미국 국회도서관

7장
- unsplash, Alex Shuper
- wikimedia
- IUCN

8장
- wikimedia
- unsplash, greg rakozy
- unsplash, markus spiske

위기의 지구를 위한 특별한 과학 수업

지구가 권리를 가지는 날에는

초판 1쇄 펴낸날 2025년 9월 8일

지은이 | 가치를꿈꾸는과학교사모임
펴낸이 | 홍지연

편집 | 홍소연 김선아 김영은 차소영 조어진 서경민
디자인 | 이정화 박태연 정든해 이설
마케팅 | 강점원 원숙영 김신애 김가영 김동휘
경영지원 | 정상희 배지수

펴낸곳 | (주)우리학교
출판등록 | 제313-2009-26호(2009년 1월 5일)
제조국 | 대한민국
주소 | 04029 서울시 마포구 동교로12안길 8
전화 | 02-6012-6094
팩스 | 02-6012-6092
홈페이지 | www.woorischool.co.kr
이메일 | woorischool@naver.com

ⓒ가치를꿈꾸는과학교사모임, 2025
ISBN 979-11-6755-344-7 43400